数学ガールの秘密ノート／図形の証明

數=(女×孩)

秘密筆記

圖形的證明

日本暢銷科普作家
結城浩 著
前師範大數學系教授兼主任
洪萬生 審訂
陳朕疆 譯

獻給你

本書記錄了野奈、由梨與「我」對圖形證明的討論。

請仔細閱讀他們的一字一句。即使不明白他們在討論些什麼，或者不瞭解算式的意義，不妨先擱置這些疑問，繼續閱讀下去。

如此一來，你將在不知不覺中成為討論的一員。

登場人物介紹

「我」

高中生，故事的敘事者。

喜歡數學，尤其是數學式。

由梨

國中生「我」的表妹。

綁著栗色馬尾，雖然喜歡有條理的思路，但有些膩了。

野奈

國中生，由梨的同班同學。

戴著貝雷帽、圓眼鏡。

有一撮挑染的銀髮。

媽媽

「我」的媽媽。

C O N T E N T S

序章

完全不懂為什麼要寫下證明。
顯而易見的事，
為什麼還要一一寫出來呢？

還是不懂為什麼要寫下證明。
一眼就看穿的事，
為什麼非得化為言語才行呢？

真的不懂為什麼要寫下證明。
大家都知道的事，
為什麼還要一一說明呢？

我真的懂嗎？要是真的懂就好了呢。
我證明的原因。
向你證明的原因。

第 1 章

重疊的三角形

「為什麼要問『為什麼？』呢？」

1.1 由梨與野奈

今天是星期六，這裡是我家。

我坐在餐桌的一側，另一側是兩名女孩。

由梨：「她說她看不懂證明，哥哥可以教她嗎！」

國中生的**由梨**說，她的棕色馬尾左右搖擺。

她是我的表妹，從以前起我們就常常一起玩，所以她都叫我「哥哥」。

野奈：「麻煩你了…$_oO$」

野奈低著頭，輕柔的說著。她大大的圓眼鏡滑了一下，於是趕緊伸手扶正。

她是由梨的同班同學。我們之前也曾經討論過很多次數學[*1]。

[*1] 參考《數學女孩秘密筆記：學習對話篇》[1]。

由梨與野奈兩人是很大的對比。

由梨會把自己想說的話一股腦地全說出來，但不懂的地方還是不懂。

野奈則不太清楚自己想說什麼。

我：「數學課上講了什麼呢？」

由梨：「三角形的全等條件。」

我：「原來如此。看不懂圖形的證明嗎？」

野奈：「看……看不懂…$_x$X」

我把水遞給野奈時，她不安地回答。

嗯，看來還是別在一開始就說明證明的方法會比較好。

我：「那我們就從比較簡單的主題開始說明吧。」

由梨：「哥哥，先說好，注意別講得太快喔。」

我：「我會努力不要『出局』的……」

我有時說到一半會越說越快，而且一旦語速變快就停不下來。這壞習慣我一直改不了。

最近由梨看到我語速變快時，就會喊出「出局」，要我停下來。

聽到「出局」宣言時，就是我該冷靜下來了。

由梨：「拜託你別三出局啊。」

我：「三出局後會怎樣？」

由梨：「攻守交換啊。」

1.2　三角形的全等

我：「那我們慢慢來吧。從三角形的全等開始說起。」

　　說完之後，我深深吸了一口氣，等待野奈的回應。

野奈：「好的…$_{0}$O」

　　野奈與由梨同年，不過外表比較嬌小。她戴著圓眼鏡，眼尾略為下垂，是個可愛的女孩。不過她輕柔的語氣，讓人覺得她比外表更為稚嫩。

我：「三角形的全等。知道三角形是什麼吧？」

野奈：「知道……我知道…$_{0}$O」

　　野奈用食指慢慢地在餐桌上畫了一個三角形。

我：「野奈知道三角形的**全等**是什麼嗎？」

野奈：「知道……我知道…$_{0}$O」

我：「那『兩個三角形全等』是什麼意思呢？」

野奈：「不知道……我不知道…$_{0}$O」

　　野奈一邊說著，一邊用手指撥動瀏海。

　　她戴著貝雷帽，那可以說是她的註冊商標，或者說是她的個人特色。她稍微露出的瀏海中，有一小撮銀色頭髮，是「一撮挑染的銀髮」。

由梨：「野奈，妳不是知道全等是什麼嗎！」

野奈：「現在不知道了…$_oO$」

由梨：「怎麼可能啊！」

我：「等一下。」

我趕緊阻止了快吵起來的兩人。

我：「妳覺得**兩個三角形全等**是什麼意思呢？答錯也沒關係，模糊的答案也沒關係。野奈，可以告訴我妳是怎麼想的嗎？」

野奈：「兩個三角形長得一樣…$_?$？」

我：「嗯，就是這樣。從某個角度來說，所謂的全等，就是兩個三角形相同的意思。但光是這樣還不夠精確。」

野奈：「答錯……答錯了嗎…$_xX$」

我：「大致上是對的，但不夠精確。只說兩個三角形相同，這樣還不夠清楚。」

野奈：「…$_?$？」

我：「用實例來說明會比較好懂吧。」

1.3　實例①

我在方格紙上畫了一個三角形。

我：「譬如這樣。野奈，妳覺得這兩個三角形全等嗎？」

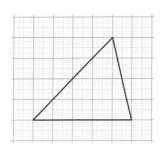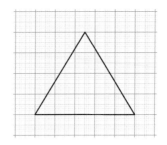

這兩個三角形全等嗎？

野奈：「不同⋯⋯長得不一樣⋯₀O」

我：「是啊。就像野奈說的一樣。這兩個三角形不**全**等。」

　　野奈點了點頭，露出了放鬆的表情。

我：「這兩個三角形不全等，但面積相同。」

由梨：「底是 5 cm，高是 4 cm，面積是 10 cm²。」

我：「沒錯。三角形的面積公式是底 × 高 ÷2。這兩個三角形的底邊長相等、高相等，所以面積也相等。這個野奈應該也知道吧？」

野奈：「是的⋯₀O」

我：「這兩個三角形不全等。但因為『面積相等』，所以從某個角度看，它們『相同』。」

野奈：「⋯₀O」

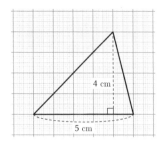 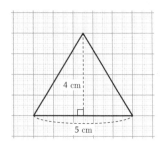

不全等，但面積相同。

1.4 實例②

我又在方格紙上畫了一個三角形。

我：「那麼野奈，妳認為這兩個三角形全等嗎？」

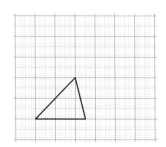 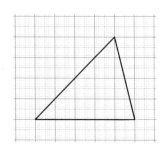

這兩個三角形全等嗎？

野奈：「不⋯⋯不全等⋯。O」

我：「野奈說的對，這兩個三角形不全等。雖然不全等，不過三組對應的角，大小相等。」

由梨：「把左邊的三角形放大之後，就會得到右邊。」

我：「是啊。」

　　由梨說完之後，我本來想接著說：「當兩個三角形的三組對應角皆兩兩相等，我們可以說這兩個三角形**相似**。」不過我忍住了，現在先把焦點放在全等吧。

我：「這兩個三角形並不全等。不過因為『三組對應角角度皆兩兩相等』，所以從某個角度來看，也可以說它們『相同』。雖然它們大小不同，形狀卻相同呢。」
　　野奈點了點頭。

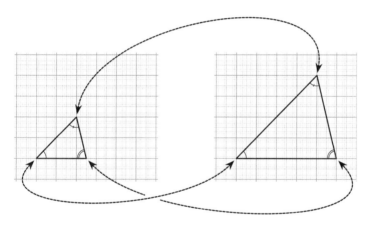

雖然不全等，但三組對應角皆兩兩相等。

1.5　全等的定義

我：「就像我們在實例①與②中看到的，兩個三角形雖然『相同』，但相同的意義並不一樣。若只說相同，我們會不曉得究竟是面積相同、三個角的大小相同，還是其他特徵相同，對吧？」

野奈：「『相同』……和全等不一樣嗎…$_?$？」

我：「不一樣。若是只說兩個三角形『相同』，並不精確。因為不精確，所以討論時會變得亂七八糟。」

野奈又再一次點了點頭。

我：「不過野奈確實回答出了『實例①與實例②的兩個三角形都不全等』。所以野奈一定知道『兩個三角形全等』是怎麼回事，雖然還沒辦法精準說明。」

野奈：「有學過……因為有學過…$_o$O」

我：「原來如此。妳在學校學過三角形的全等嗎？」

野奈：「就是剛好可以重合…$_o$O」

野奈把兩手食指疊在一起，在餐桌上畫了一個三角形。兩隻手指同時畫出三角形，這就是她想像中的「剛好重合」。

剛才野奈還著急地說「不知道」。不過現在的野奈可以好好回答問題了，大概是因為知道自己的答案沒有錯，所以放心了下來。

我：「是啊。『剛好重合』這個描述方式相當好。我們就用這個描述來**定義**三角形重合吧。」

三角形的全等

當兩個三角形可以剛好重合，就可以說這兩個三角形**全等**。

由梨：「咦！『可以剛好重合』可以算是數學上的描述嗎？不是應該要更複雜、更嚴謹一點嗎？」

我：「確實，『剛好重合』這樣的描述是依照我們的感覺來判斷。數學家在做研究的時候，不能用這種定義[*2]。雖然數學領域中，對全等的要求最好嚴謹一點，但既然我們很清楚『剛好重合』是什麼意思，就先這樣繼續下一步吧。」

由梨：「嗯，很好，繼續前進吧。」

我：「由梨在狐假虎威耶。」

野奈：「由梨，狐假虎威…$_oO$」

　　我們呵呵地笑了。

[*2] 參考「附錄：三角形的全等」（p.38）。

1.6　實例③

我們正一步步地學習三角形的全等。

我又畫了兩個三角形。

我：「妳看，野奈，妳覺得這兩個三角形彼此全等嗎？」

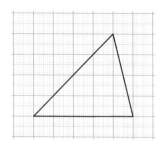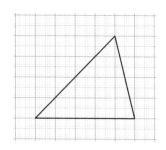

這兩個三角形全等嗎？

野奈：「全等……它們全等…$_oO$」

我：「沒錯。正確答案！」

聽到我的話之後，野奈用力點了點頭。

野奈：「它們全等$_!$！」

我：「不過，為什麼我們能說這兩個三角形全等呢？」

野奈的臉突然一沉，眼神游移不定。

野奈：「不知道……我不知道…$_xX$」

我：「全等這點是對的喔。妳覺得原因是什麼呢？」

野奈：「因為長得一樣…？？」

我：「……」

由梨：「因為可以剛好重合不是嗎！是這樣沒錯吧？」

由梨急著解釋。
大概是聽到我們的對話，忍不住了吧。

我：「沒錯，因為剛好重合。這就對了。」

由梨：「是啊！」

我：「就像野奈說的一樣，這兩個三角形全等。就像由梨說的
　　一樣，之所以全等，是因為兩個三角形剛好可以重合。」

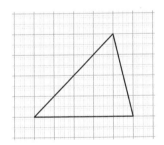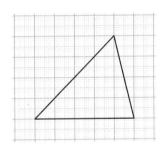

這兩個三角形全等。

1.7　詢問理由

野奈：「好難……好難喔…$_O$O」

野奈困惑地低聲說著。

我：「放心，讓我們依照順序整理一下吧。我們正在思考什麼是三角形的全等。」

野奈：「是的⋯。O」

我看著野奈的表情，慢慢說著。

我：「剛才我有問『為什麼我們能說這兩個三角形全等呢？』對吧。這時候，就是在問全等的原因喔。」

野奈：「⋯。O」

我：「假設我們眼前有兩個三角形。若要說

　　　　『這兩個三角形全等』

就必須說出原因。而所謂的原因，指的是

　　　　『因為如何如何，所以這兩個三角形全等』

或是

　　　　『這兩個三角形之所以全等，是因為如何如何』

中，如何如何的部分⋯⋯這樣可以接受嗎？」

野奈：「我在聽⋯⋯我有在聽⋯。O」

我：「這裡的定義就很重要了。善用定義，就能回答出原因。我們把『全等』定義成了『可以剛好重合』對吧。」

野奈點了點頭。
於是我繼續說下去。

◎　　◎　　◎

Ⓐ當這兩個三角形可以剛好重合，稱其全等。這是我們對全等
的定義。

Ⓑ這兩個三角形可以剛好重合。

Ⓒ所以這兩個三角形全等。

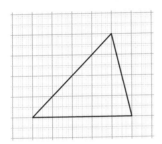 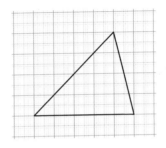

這兩個三角形可以剛好重合，故兩者全等。

◎　　◎　　◎

我一邊說明，一邊看著野奈的表情。

野奈有疑問時，就會表現出坐立不安的樣子。

還會撥弄瀏海。

不過，現在沒事。

她正認真聽著我說話。

我：「這兩個三角形可以剛好重合，故兩者全等。」

野奈：「因為被問到原因，所以要用定義回答嗎…ₐ？」

哦，野奈毫不猶豫地提問。

我：「『被問到原因時，都會用定義回答嗎？』不，不一定喔。」

野奈：「…。O」

野奈圓眼鏡背後的眼神有些游移，似乎有些疑惑的樣子。
　　她心中的某些部分似乎運作了起來。於是我試著做些補充。

我：「數學領域中常常會詢問原因喔。『原因是什麼？』或是『為什麼？』被問到原因後，有時會用定義回答，也可能會用其他方式回答。所以不是每次都會用定義回答。不過，我們確實常會用定義回答為什麼就是了。」

由梨：「哥哥你常會問別人為什麼耶。」

我：「是啊。討論數學的時候常須要確認原因。這時候就會詢問『為什麼』。」

由梨：「對了，為什麼你要問野奈『為什麼我們能說這兩個三角形全等？』呢？」

我：「為什麼要詢問原因嗎？嗯，因為我想確定野奈是不是真的瞭解全等的定義，所以才會問她『為什麼我們能說這兩個三角形全等』。」

野奈：「我覺…有…恐…。O」

我：「咦？什麼？抱歉，我沒聽清楚。」

野奈：「我覺得…有點恐怖…$_0O$」

我：「覺得什麼恐怖呢？」

野奈：「『為什麼』…$_0O$」

我：「被問到『為什麼？』的時候覺得很恐怖，是這個意思嗎？」

野奈：「有時候會…$_0O$」

啊，是啊。
我回想起了與野奈的對話[*3]。

我：「確實，有些人會一直逼問『為什麼』，像是在責問似的。」

野奈：「是的…$_0O$」

我：「不過，**數學上的**『為什麼』是詢問原因的問句，所以我並沒有在責問野奈喔。」

由梨：「是啊——」

野奈：「好的……沒關係…$_0O$」

1.8　確認是否全等

我：「回到原本的話題吧。我們可以說這兩個三角形全等，原因在於這兩個三角形可以剛好重合。」

---

*3 參考《數學女孩秘密筆記：學習對話篇》[1]。

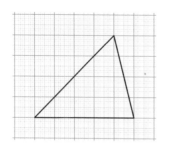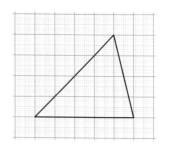

因為可以剛好重合，所以這兩個三角形全等。

由梨：「要仔細確認有沒有重合才行喔！」

我　：「啊，是啊。由梨的主張是對的。讓我們仔細確認看看吧。因為可以剛好重合，所以我們能說這兩個三角形重合。如果無論如何都無法重合，就不能說兩者全等。」

由梨：「用剪刀剪下來行嗎？」

我　：「嗯，用剪刀把三角形剪下來吧。」

野奈：「透著光看……也可以嗎…？」

　　野奈拿起了兩張方格紙對著窗戶，讓陽光透過紙張。

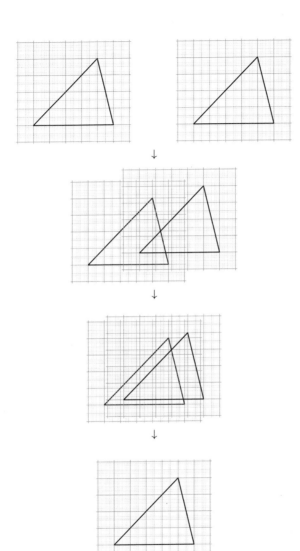

我：「嗯，可以重合。」

野奈：「剛好……可以重合…$_0$O」
　　我們畫了很多個三角形，再把它們疊合、照光，玩了一陣子。

由梨：「比剪下來還要方便。」

野奈：「我經常在描圖……$_0$O」

我：「描圖？」

野奈：「插圖的描圖…$_0$O」

我：「啊，原來如此。」

1.9　也可以翻面

由梨：「我說哥哥啊，翻面也可以吧？」

我：「嗯，是啊。假設有兩個三角形，而這兩個三角形無法完全重合，但如果其中一個三角形翻面後就能與另一個三角形重合，那麼我們也可以說這兩個三角形全等。」

野奈：「翻面…$_0$O」

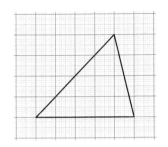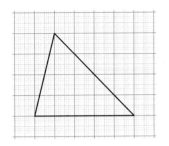

如果把一個三角形翻面後，可以和另一個三角形重合，
那麼這兩個三角形全等。

我：「就像我們剛才的操作一樣，在可以任意移動、旋轉、翻
面的情況下，如果可以讓兩個三角形『剛好重合』，就能
說兩個三角形全等。不過重合時不可以切開、拉長、擠
壓。前面提到，只要『剛好重合』，我們就可以視為全
等，但其實必須確實寫出條件如下。」

三角形的全等（確實寫出條件）

當兩個三角形可以剛好重合，就可以說這兩個三角形**全等**。

不過，重合時──

- 可以任意移動、旋轉、翻面。
- 不可以切開、拉長、擠壓。

由梨：「這樣說也行啦。」

野奈：「也行啦…₀O」

我：「好好好……剛才我們讓光透過紙張，重合三角形。如果是實際的三角形，就可以用這種方式確認是否全等。」

由梨：「哥哥畫的三角形，線都是抖的耶——」

我：「是啊。畫在紙上的三角形，邊會有點不平整，還會有點變形，重疊在一起時多少會有些偏差吧。畢竟是『現實世界』的三角形，那也沒辦法。」

野奈：「不過…₁！」

野奈急忙喊出聲音，嚇了我和由梨一跳。

野奈：「不過在『數學世界』的三角形就沒關係…₀O」

我：「對！沒錯！野奈說的好！」

野奈聽到我的稱讚後露出了笑容。

野奈：「看不到也沒關係…₀O」

我：「就像野奈說的一樣，看不到也沒關係。我們確實是在『現實世界』中畫出三角形，並思考它們的性質。不過我們實際考慮的是『數學世界』中的三角形。我們剛才考慮的是實際畫出來的三角形，但不僅如此，我們也考慮到了大到畫不下的三角形，以及小到畫不出來的三角形。我們在『現實世界』中畫出來的三角形只是個線索。如果我們的推論在現實中的三角形成立，那麼在其他三角形中也會

成立。或者說我們思考的是，當我們想讓某個推論成立，要先讓那些敘述成立才行。換言之，**圖形問題就是邏輯問題**。尋找原因，確認定義。這麼一來，就可以消除邏輯上的障礙，順暢地討論——」

由梨：「哥哥，哥哥！講太快了！」

我：「——唉呀，我講太快了嗎？」

由梨：「對，出局。」

我：「出局了嗎！」

野奈：「出局……一出局…$_0$O」

　　我只能苦笑。
　　真是太不小心了。

由梨：「哥哥，冷靜下來了嗎？」

我：「是啊。剛才講到哪裡了呢？」

由梨：「講到兩個全等三角形。」

我：「啊，嗯。把兩個全等的三角形重合時，邊與邊、角與角會剛好重疊在一起對吧。」

　　由梨與野奈一起點了點頭。
　　就像剛好重合的三角形一樣，同時點頭。

我：「一個三角形有三個邊，有三個角。而三角形有兩個，所以邊與角的個數會變成兩倍。數量多時會變得很複雜，容

易搞混。數學中，我們會希望簡化各種事物以方便討論。那麼該怎麼做呢？」

野奈：「…？？」

由梨：「很簡單啊！為它們取名字就可以了！」

我：「沒錯。只要為三角形的每個邊與角命名就可以了。這樣可以減少出錯的機會。」

野奈：「不懂……我不懂…ₒO」

1.10　為頂點命名

我：「嗯，不是什麼難事喔。三角形有三個頂點。這裡就為它們取名為 A、B、C 吧。」

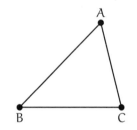

將三角形的頂點命名為A、B、C

由梨：「頂點。」

野奈：「頂點…ₒO」

我：「所以我們不會說『這個頂點』或『那個頂點』，而是說
　　頂點 A

　　這樣就很清楚是在說哪個頂點了吧。」

由梨：「一定要 A、B、C 嗎？不能取其他名字嗎？」

我：「當然，想取什麼名字都可以。可以取名為 A、B、C，
　　也可以是 D、E、F，叫什麼名字都可以。一般都會用單一
　　大寫英文字母為頂點命名，不過也沒規定說非這麼命名不
　　可。重要的是要能分清楚哪個頂點是哪個。」

野奈：「頂點…$_o$O」

1.11 為三角形命名

我：「三個頂點的名字分別是 A、B、C，所以這個三角形可
　　以稱做『三角形 ABC』。」

由梨：「不能叫做『三角形 ACB』或『三角形 ACB』嗎？」

我：「妳想問的是頂點順序吧？嗯，如果只是要稱呼三角形，
　　不管用什麼順序念出頂點都可以喔。一共有 6 種念法，每
　　種念法都是指同一個三角形。

　　　　三角形 ABC　　　三角形 BCA　　　三角形 CAB
　　　　三角形 ACB　　　三角形 CBA　　　三角形 BAC

　　如果頂點的順序不重要，我通常會依逆時鐘方向念出這些
　　頂點，譬如三角形 ABC、三角形 BCA 或三角形 CAB。」

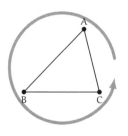

逆時鐘念出頂點

1.12 為邊命名

我:「接著來為邊取名吧。若取名為邊 AB、邊 BC、邊 CA,
就可以清楚表示在指哪個邊了。」

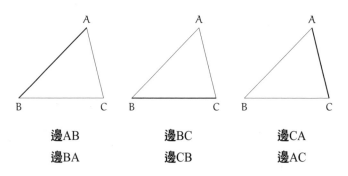

邊AB	邊BC	邊CA
邊BA	邊CB	邊AC

由梨:「邊 CA 和邊 AC 一樣嗎?」

我:「嗯。在這個情況下,念邊 CA 或邊 AC 都可以喔。兩者
都是指同一條邊。」

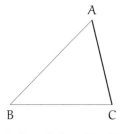

念邊CA或邊AC都可以

由梨：「為什麼說這個情況呢？有不行的時候嗎？」

我：「嗯。頂點的順序很重要時，就要注意該念邊 CA 還是邊 AC 了。」

野奈：「…₀O」

1.13　為角命名

我：「再來，三角形 ABC 有三個角。就像為邊命名的時候一樣，我們也可以為角命名。譬如角 ABC，須用三個頂點來表示一個角。由頂點的排列順序，可以知道是指哪個角。」

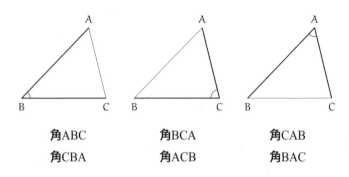

| 角ABC | 角BCA | 角CAB |
| 角CBA | 角ACB | 角BAC |

由梨：「是啊。」

野奈：「沒問題⋯⋯沒問題⋯$_o$O」

1.14　兩個全等的三角形

我：「三角形的各個頂點、邊、角都命名完成。接著就可以放心進入下一步了。」

由梨：「快點開始吧！」

野奈：「開始吧⋯$_o$O」

我：「三角形 ABC 與三角形 DEF 全等嗎？」

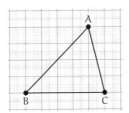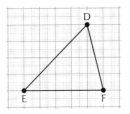

三角形ABC與三角形DEF全等

野奈：「全等⋯$_o$O」

我：「在判斷三角形 ABC 與三角形 DEF 是否全等時，一定要由圖確認對應的頂點才可以喔。」

由梨：「啊，就是哥哥常說的那樣！」

野奈：「聽不懂⋯⋯我聽不懂⋯$_o$O」

我：「請妳一邊念出三角形 ABC，一邊用手指觸碰 A、B、C 三個頂點。」

　　野奈依照我的指示，沿著三角形的邊，用手指觸碰 A、B、C 三個頂點。

野奈：「好了⋯⋯觸碰好了⋯$_o$O」

我：「嗯，很棒！接著也用同樣的方式確認三角形 DEF。」

野奈：「用手指⋯$_?$？」

我：「沒錯，現在先用手指觸碰，習慣之後用眼睛看就可以了。總之，一定要確認 A、B、C 與 D、E、F 分別是指哪個頂點。」

野奈：「…ₒO」

我：「請清楚確認三角形 ABC 與三角形 DEF 分別是指哪個三角形。兩個三角形全等，就意味著兩個三角形可以剛好重合對吧。知道頂點之間的對應關係後，就知道該如何重合了。這就是為什麼我們要確認頂點之間的對應關係。總之，就是要一一確認這是頂點 A、這是頂點 B、這是頂點 C，沒問題吧。」

野奈：「瞭解……我瞭解…ₒO」

由梨：「可是這樣好麻煩喔──」

我：「確實，一開始可能會覺得很麻煩。不過，習慣之後很快就能完成了。而且，要是一開始沒有確認清楚，之後思考的時候就會陷入『呃……點 A 在哪裡呢？』的困惑。這樣反而會更麻煩。」

由梨：「唔唔，這樣講也沒錯啦。」

1.15 練習題

我：「那麼這裡就來出個練習題吧。由梨應該馬上就能回答出來了，所以這題就請野奈來回答吧。」

野奈：「給野奈的練習…₂？」

我：「嗯。這個練習題是要妳『找出怪怪的地方』。」

練習題：找出怪怪的地方

三角形 ABC 與三角形 DEF 全等。

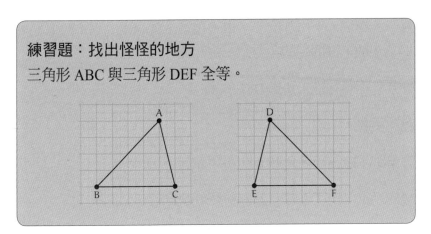

由梨：「我知道了。就是……啊，我不能回答是嗎？」

我：「沒錯。這是出給野奈回答的練習題喔。」

由梨：「瞭解。」

　　和由梨說話的時候，我的視線仍沒有離開野奈。

　　野奈用手指在圖上比劃。A、B、C、D、E、F，依照我剛才說的，一一指過每個點，表情相當認真。

　　突然，她的手指停在了 E 上。她歪了歪頭，把雙手合在一起，像是在祈禱一樣。

　　看來她注意到重點了。

野奈：「不對……這樣不對…$_o$O」

我：「哪裡不對呢？」

野奈：「點、頂點，那個……我不知道…$_o$O」

我：「野奈，不用那麼急。也不用馬上就說出『我不知道』。加油，沒問題的，野奈一定知道，也一定可以說明的。」

野奈：「應該是三角形 DFE…。O」

我：「嗯。」

野奈：「應該是三角形 DFE……才對…。O」

我：「試著用『全等』這個詞來說說看吧。」

野奈：「三角形 ABC……與三角形 DFE 全等…。O」

我：「嗯，沒錯。不過題目說『三角形 ABC 與三角形 DEF 全等』。所以不是 DFE，而是 DEF 才對。」

野奈：「就像鏡子一樣…。O」

我：「沒錯，就像鏡子裡的影像一樣，左右相反。野奈原本想讓三角形 ABC 與三角形 DEF 重合對吧，就像剛才妳把左右手合在一起一樣。」

野奈：「但是……合不起來…。O」

我：「嗯，如果想試著讓三角形 ABC 與三角形 DEF 重合，會覺得怪怪的。A 與 D 可以重合沒錯，但 B 應該要與 F 重合，而不是 E。而 C 應該要與 E 重合，而不是 F。A 與 D、B 與 F、C 與 E，兩兩可分別重合。」

由梨：「如果是 ABC 與 DEF，順序就不對了！」。

我：「沒錯，所以這個地方怪怪的。

不是三角形 ABC 與三角形 DEF 全等，

應該要寫成

三角形 ABC 與三角形 DFE 全等。

才對。也就是說，如果要說兩個形狀全等，就必須讓對應的頂點依順序排列下來才行。」

練習題的答案

對應頂點的順序不合,這點怪怪的。

將兩個三角形重合時,頂點的對應如下。

頂點 A　　　　與　　　　頂點 D

頂點 B　　　　與　　　　頂點 F

頂點 C　　　　與　　　　頂點 E

因此

- 比起說「三角形 ABC 與三角形 DEF 全等。」
- 不如說「三角形 ABC 與三角形 DFE 全等。」比較正確。

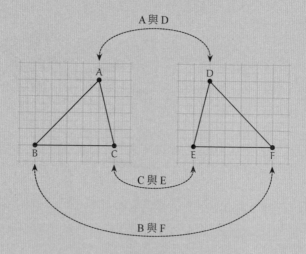

野奈：「錯……錯了嗎…$_?$？」

我：「妳問的是考試這樣寫是對是錯嗎？如果考試出這題，但答題的時候弄錯了頂點的對應關係，寫出『三角形 ABC 與三角形 DEF 全等』的答案，這樣算不算錯呢？嗯，大概不好說吧。不過寫答案的時候最好還是依照對應順序來寫，有時候老師會很看重這點。」

由梨：「沒有固定的評分基準嗎？」

我：「不過，寫出三角形的全等關係時，頂點的對應是很重要的喔。小心一點沒有壞處。不僅如此，任何時候，頂點的順序都很重要。」

野奈：「好難…$_0$O」

　　好難……。
　　就像與野奈心有靈犀般，我也有同樣的想法。
　　頂點的稱呼方式相當重要，所以由梨的質疑也有道理。不過要是一開始就說得那麼細，野奈的頭腦大概也吃不消吧。
　　說明真的很難。

我：「嗯，這樣好了。我們來談談比對錯更重要的事吧。那就是怎麼知道取的名字好不好。」

由梨：「你在講什麼啊？」

1.16　怎樣命名比較好

我：「剛才我們為三角形、頂點、邊取了名字。為什麼要取名呢？因為這樣才能清楚指出討論的對象。

　　　　為了清楚指出討論的對象，『**名字越簡潔越好**』。」

由梨：「嗯——這不是理所當然嗎？」

我：「很理所當然沒錯，卻也很重要。討論數學時會提到很多項目，像是頂點、邊、角、三角形……等等。一個不小心，就會弄混到底是哪個東西和哪個東西又怎麼了。要是討論內容模糊不清，說明也會變得亂七八糟，讓人困擾對吧？」

由梨：「很困擾。」

野奈：「是的…₀O」

　　　兩位少女同時點了點頭。

我：「若是討論變得亂七八糟，就很難研究數學了，所以我們要為討論的對象取名。取名是為了清楚指出在討論哪個對象。」

野奈：「…₀O」

我：「三角形 ABC 或邊 AB 這種名字到底好不好呢？我們可以由是否能正確指出該對象看出。」

由梨：「哦哦——」

我：「如果名字讓人覺得『哦，是指這東西啊』簡潔明瞭，就是個好名字。但如果讓人覺得『所以到底是在講哪個東西啊』，就是個爛名字。」

野奈：「不是老師…」！」

野奈突然喊出聲，於是我們看向她。

我：「咦？」

由梨：「野奈，怎麼了嗎？」

野奈：「不是老師……是原因嗎…？？」

野奈認真地看著我。

「不是老師是原因」是什麼意思呢？

野奈想說明自己的想法，但似乎還不習慣的樣子，所以聽她說話的我們常須自行想像她想表達什麼。

不過這次的難度太高，連我也無法解讀。

我：「抱歉，野奈，可以說得詳細一點嗎？」

我盡可能溫柔地詢問野奈。

野奈：「不是因為老師這麼說……而是有其他原因嗎…？？」

我：「沒錯！就是這樣，野奈！所有規則都不是『因為老師這麼說』，而是因為『有特定原因』喔。所以重要的是思考『為什麼會這樣？』的原因。用三角形 ABC 這樣的稱呼，可以明確指出是哪個三角形。明確指出是哪個三角形

之後，討論時就不會混亂。因為這些原因，所以才會稱呼它是三角形 ABC。」

由梨：「有時候會寫成 △ABC 吧，為什麼呢？」

我：「由梨覺得是為什麼呢？」

由梨：「因為比寫『三角形』還要簡單吧，寫字太麻煩了。」

我：「是啊。這樣可以清楚表示討論的對象，又可以很快寫出來。所以 △ 符號也是很好的表示方式。」

由梨：「這樣的話，由梨也可以發明其他的表示方式嗎？」

我：「當然可以，只要是簡潔明瞭的表示方式都很棒。不過，不能是只有由梨才看得懂的寫法喔。」

由梨：「這樣啊。」

我：「畢竟語言是與他人互動時的工具，所以還有個重要的原因是『因為大部分的人都這麼寫，所以我也要跟著這麼寫』。」

野奈頻頻點頭，贊同我和由梨的對話。
她的反應很好。但數學討論還是沒有進展。

- 首先說明三角形、邊、角的名稱，
- 然後說明兩個三角形全等時，哪些性質會成立，
- 接著說明兩個三角形在哪些情況下會全等。

我原本想依照這樣的順序來說明三角形的全等條件。如果步調一直那麼慢，要什麼時候才會講到圖形的證明呢？

但是。

但是，或許我的擔憂根本無關緊要。

比起這些，我傳達了更重要的東西，一定是這樣。

我：「要描述兩個三角形全等時，最好把每個頂點照順序寫出來，這樣『閱讀者』才能明白各頂點如何對應。」

野奈：「是⋯⋯是誰呢⋯$_?$？」

我：「妳問『閱讀者』是誰嗎？就是閱讀野奈書寫內容的人喔。如果是考試，那麼評分的老師就是『閱讀者』。如果野奈在教室的黑板上書寫，那麼全班同學都是『閱讀者』。」

野奈：「⋯$_0$O」

我：「書寫的時候，必須把野奈心中想的事，清楚、明白地傳達給『閱讀者』才行。」

野奈：「野奈嗎⋯$_?$？」

我：「是啊，書寫的人是野奈。不管是回答問題時寫下的文字，想到有趣事物時寫下的文字，還是發現新事物時寫下的文字，都是想透過寫下來的文字傳遞訊息給他人。語言與文字就是為了傳遞訊息而存在，數學也一樣。」

野奈：「書寫的人是野奈⋯$_0$O」

「因為回答『因為⋯⋯』時
才能明確表示自己正在說明原因。」

附錄：三角形的全等

> **注意**
>
> 本附錄涉及較進階的數學內容。即使不閱讀本附錄，或者
> 不理解附錄的內容，也不會影響到本書後續的閱讀。

　　初等幾何學的教材中，一開始會用「剛好重合」的概念來
說明三角形的全等。這是為了用日常生活中的經驗，描述圖形
與數學的概念，是很好的表現方式。

　　不過，數學上若要嚴格定義三角形的全等，光是「剛好重
合」仍不夠充分。

　　全等的定義有很多種，譬如參考文獻 [12]《現代初等幾
何學》（現代の初等幾何学）中，將兩個三角形的全等定義為
「等距變換」這種映射關係，其概念大致如下。

　　從所有點的集合到所有點的集合之對射中，若任意兩點
X、Y 間的距離 d(X, Y) 不變，則稱做等距變換。

　　而三角形 ABC 與三角形 A′B′C′ 之全等關係定義為：存在
等距變換，使 A 移動至 A′、B 移動至 B′、C 移動至 C′。

　　此時，以下與兩點間距離 d 有關的等式成立。

$$d(A, B) = d(A', B')$$
$$d(B, C) = d(B', C')$$
$$d(C, A) = d(C', A')$$

定義等距變換時，須先定義「集合」「對射」「兩點間距離」。詳情請參閱參考文獻 [12]。

第 1 章的問題

●問題 1-1（選出全等三角形）

請從 ㄅ～ㄊ 中選出所有與三角形 ABC 全等的三角形。

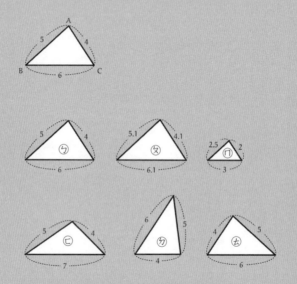

（解答在 p.236）

●問題 1-2（全等的性質）

假設有三個三角形ㄅ、ㄆ、ㄇ，ㄅ與ㄆ全等，ㄆ與ㄇ全等。此時，三角形ㄅ與ㄇ全等嗎？

（解答在 p.238）

●問題 1-3（全等三角形可以說明什麼）

假設有兩個全等三角形 DEF 與 GHI。若將以下三組頂點疊在一起

D 與 G、E 與 H、F 與 I

這兩個三角形可剛好重合。而且，若改將以下三組頂點疊在一起

D 與 H、E 與 I、F 與 G

這兩個三角形也會剛好重合。那麼，三角形 DEF 會是什麼三角形呢？

（解答在 p.239）

第 2 章

三角形的全等條件

「這個是哪個？」

2.1 兩個全等的三角形

我：「因為 △ABC 與 △DFE 全等——」

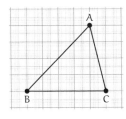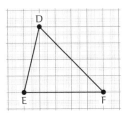

由梨：「哥哥，等一下。」

我繼續往下說時，由梨打斷了我。

我：「由梨，怎麼了嗎？」

由梨：「這樣看起來好煩喔，可以把 E 和 F 換過來嗎？」

我：「原來如此。野奈覺得由梨的提議如何呢？」

野奈：「不知道⋯⋯我不知道⋯$_{o}$O」

由梨：「咦！寫成 A、B、C 和 D、E、F 一定比較好啦！」

我：「由梨、由梨。妳的意思還沒有傳達給野奈吧。提出反駁前要說清楚才行。由梨想說的是——如果一開始就這樣為頂點命名，點與點之間的對應會比較好懂。是這樣沒錯吧？」

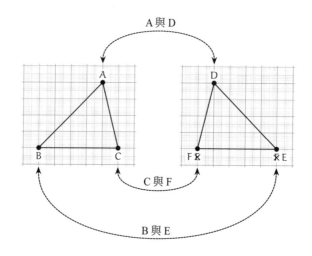

由梨：「就是這樣！改成 △ABC 與 △DEF 啦。」

我：「野奈覺得怎麼樣呢？」

野奈：「可以……我覺得可以…。O」

我：「嗯，那就改用這張圖來討論吧。」

由梨：「來吧來吧！」

我：「因為 △ABC 與 △DEF 全等，所以這兩個三角形可以剛好重合。」

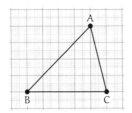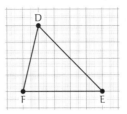

兩個全等的三角形，△ABC 與 △DEF

我：「若 △ABC 與 △DEF 剛好可以重合，那麼邊與邊也可以
　　重合。」

由梨：「這是當然。」

野奈：「…₀O」

　　野奈默默地將手指在圖上移動。一開始是依照 A、B、
C、D、E、F 的順序移動，後來則是同時用兩手分別沿著 A、
B、C 與 D、E、F 移動。

　　就像是在體會著圖形的對應關係一樣。

2.2　邊的對應

我：「先把焦點放在 △ABC 上。△ABC 與 △DEF 剛好重合
　　時，邊 AB 對應到 △DEF 的哪個邊呢？」

野奈：「這裡和這裡……是邊 DE 嗎…₀？」

　　野奈一邊回答，左手一邊從 A 沿著邊移動到 B，右手則從
D 沿著邊移動到 E。

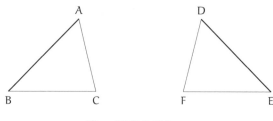

邊AB對應的邊為DE

我：「沒錯，正確答案！野奈確實用手指指出了邊 AB 與邊 DE 的對應關係了，這是重點。」

由梨：「從名字就可以知道了啊！因為是 ABC 中的 AB，所以會對應到 DEF 的 DE 不是嗎？」

野奈：「所以說……這個…ₒO」

由梨：「所以說從名字就看得出來了啊！」

野奈：「所以這裡……邊 DE…」！」

我：「『一開始時，我們就是為了讓 A、B、C 這三個頂點分別對應到 D、E、F，才這樣命名。所以我們馬上就可以看出與邊 AB 對應的邊是 DE。』由梨想說的是這件事喔，野奈。」

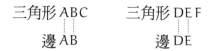

由梨：「沒錯沒錯！」

野奈：「不對嗎……我不對嗎……₂？」

我：「不不不，像野奈這樣確認圖之後得到的答案完全沒錯，
　　是正確答案；像由梨這樣的思路得到的答案也完全沒錯，
　　是正確答案。兩者都是正確答案喔。」

由梨：「都是正確答案啦！」

野奈：「…$_oO$」

我：「因為眼前就有圖形，所以能用目視確認對應關係；因為
　　頂點的名稱有精確對應，所以能馬上看出有哪些邊彼此對
　　應。兩個都百分之百正確。並沒有規定要用特定的方法才
　　正確喔。」

由梨：「沒錯沒錯。」

我：「所以說，『只有自己的方法才正確』這樣的想法不好
　　喔。聆聽別人提出的方法也很重要。」

由梨：「是這樣沒錯，但越快得到答案的方法越好吧？」

我：「如果是比速度的競賽，是這樣沒錯。」

由梨：「就是說啊！」

我：「雖說如此，知道其他方法也很重要喔。用一種方法得到
　　答案後，可以再用其他方法確認答案對不對，這樣也很棒
　　啊。」

由梨：「原來如此喵，就像驗算一樣嗎？」

　　與理解迅速的由梨對話完後，我看向野奈。
　　她抓著瀏海，臉上浮現出了困惑的表情。

我：「野奈覺得哪裡怪怪的嗎？如果有問題，隨時都可以打斷我提出問題喔，難得有機會一起討論嘛。」

野奈：「目視…ₒO」

我：「咦？」

野奈：「目視……目視是什麼意思呢？？」

我：「啊啊，目視嗎。目視就是『用眼睛看』的意思。目視確認，指的是用眼睛觀看，以確認事項的意思喔。」

野奈：「我懂了……目視…ₒO」

2.3　邊的長度

我：「這裡讓我們試著考慮邊長吧。因為 △ABC 與 △DEF 全等，可以剛好重合。此時，彼此對應的邊 AB 與邊 DE 也會剛好重合。這表示，邊 AB 的長度與邊 DE 的長度相等。」

由梨：「是沒錯啦。」

我：「『邊 AB 的長度與邊 DE 的長度相等』這句話，可以用

$$AB = DE$$

這個式子來表示。或者也可以在上面加線，得到

$$\overline{AB} = \overline{DE}$$

」

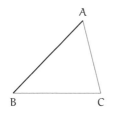 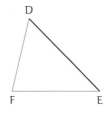

邊AB的長度與邊DE的長度相等

AB = DE

野奈：「…₀O」

我：「即使寫出式子，也別急著做下一步喔。有時候即使看到式子也沒辦法馬上瞭解其意義，這時候就要一條條**解讀式子**。」

野奈：「好的…₀O」

由梨：「簡單、簡單！」

我：「AB = DE 這條式子表示『邊 AB 的長度』等於『邊 CD 的長度』。」

野奈：「沒問題……我看得懂…₀O」

由梨：「還有 BE = EF 與 CA = FD 吧？」

我：「沒錯。△ABC 與 △DEF 全等時，對應的三組邊，邊長也會兩兩相等。所以我們可以寫出三條式子。這可以說是全等三角形的性質，是與邊長有關的性質喔。」

全等三角形的性質（邊長）

△ABC 與 △DEF 全等時，對應的三組邊，邊長兩兩相等。

$$\begin{cases} AB = DE & \text{邊 AB 的邊長與邊 DE 的邊長相等。} \\ BC = EF & \text{邊 BC 的邊長與邊 EF 的邊長相等。} \\ CA = FD & \text{邊 CA 的邊長與邊 FD 的邊長相等。} \end{cases}$$

由梨：「這不是理所當然的嗎？」

我：「嗯，如果知道全等三角形可以剛好重合，就會覺得理所當然了。」

野奈：「…$_o$O」

2.4　角的對應

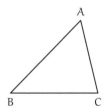 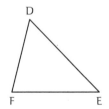

我：「接著來確認角的對應吧。△ABC 與 △DEF 全等時，與角 BCA 重合的是哪個角？」

由梨：「哦，野奈的回合！」

野奈：「因為是 B、C、A……所以是 E、F、D…$_0$O」

由梨：「正確答案！」

我：「沒錯。」

野奈：「因為……目視確認了…$_0$O」

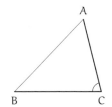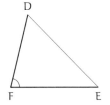

與角BCA對應的角是角EFD

我：「用由梨剛才說的名稱對應去思考，也會得到一樣的結果
喔。」

$$三角形\,ABC \qquad 三角形\,DEF$$
$$角\,BCA \qquad\qquad 角\,EFD$$

野奈：「是的…$_0$O」

2.5 角的大小

我：「兩個三角形全等時，對應角的大小也相等，與討論邊長
時的情況相同。」

由梨：「因為剛好重合。」

我：「就是這樣。」

野奈：「⋯$_o$O」

我：「我們可以用以下等式，表示角 BCA 與角 EFD 一樣大。

$$\angle BCA = \angle EFD$$

」

由梨：「可以寫出三條式子吧。」

我：「沒錯，三角形有三個角。全等的三角形中，對應角有三組。同組角的角度兩兩相等，所以我們可以寫出三條等式來表示這些角的大小關係。」

$$\begin{cases} \angle ABC = \angle DEF \\ \angle BCA = \angle EFD \\ \angle CAB = \angle EDF \end{cases}$$

野奈：「⋯$_?$？」

由梨：「簡單、簡單！」

野奈：「奇怪⋯⋯很奇怪⋯$_!$！」

我：「咦？」

野奈：「是 $\angle FDE$ 才對⋯$_o$O」

由梨：「真的耶！最後一條式子的對應很奇怪！」

我：「唉呀，確實！考慮到頂點的對應，應該是 ∠FDE 才對，
　　而不是 ∠EDF ！」

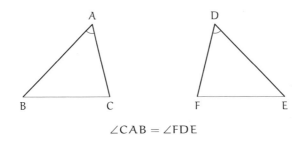

$$\angle CAB = \angle FDE$$

由梨：「野奈，還不錯嘛！」

我：「不管是自己主動確認、找出奇怪的地方，還是清楚說出
　　『很奇怪』這件事，全都很厲害喔，野奈！」

野奈：「是的…₀O」

由梨：「咦，但是，∠EDF 和 ∠FDE 相等吧？既然如此，寫成
　　∠CAB = ∠FDE 也可以不是嗎？」

我：「嗯，是啊。

$$\angle CAB = \angle EDF \quad 與 \quad \angle CAB = \angle FDE$$

都是正確的式子喔。因為角 EDF 與角 FDE 是指同一個
角，所以大小也一樣。不過，現在我們在談的是全等三角
形的性質，所以頂點還是要彼此對應到比較好。野奈，謝
謝妳指出這點。」

野奈：「因為有確認過…₀♡」

全等三角形的性質（角的大小）

△ABC 與 △DEF 全等時，對應的三組角，角度兩兩相等。

$$
\begin{cases}
\angle ABC = \angle DEF & \text{角 ABC 的角度與角 DEF 的角度相等。} \\
\angle BCA = \angle EFD & \text{角 BCA 的角度與角 EFD 的角度相等。} \\
\angle CAB = \angle FDE & \text{角 CAB 的角度與角 FDE 的角度相等。}
\end{cases}
$$

2.6　野奈的疑問

我：「兩個三角形全等時，這兩個三角形可以剛好重合。此時重合邊的邊長相等，重合角的角度相等。這可說是全等三角形的性質。接著就進入下個話題吧。反過來說——」

野奈：「可以……暫停嗎…？」

　　我本來想在講完全等三角形的性質後，進入三角形全等條件的主題，沒想到在這個時候，野奈又叫了暫停。

我：「嗯？又有哪裡覺得怪怪的嗎？」

野奈：「周長也…？」

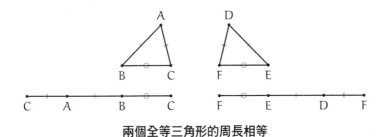

兩個全等三角形的周長相等

我：「啊啊，說的對。三角形若全等，這兩個三角形的周長也會一樣，這也沒錯喔。可以進入下一個主題了嗎？」

野奈：「為什麼……只有三個邊和三個角…₂？」

由梨：「三角形只有三個邊，也只有三個角嘛。」

野奈：「因為要進入下個主題了……要是不暫停…₀O」

野奈是糾結在哪個部分呢？

我：「野奈難得提出疑問了，我會慢慢聽妳講，然後詳細說明喔。我們正在討論全等三角形的性質，妳覺得有什麼地方怪怪的嗎？」

野奈：「還沒討論周長，卻要進入下個主題…₂？」

我：「『為什麼討論全等三角形的性質時，只關注邊長、角的大小呢？』明明還有其他值得關注的東西……野奈覺得這個地方怪怪的嗎？」

野奈點了點頭。

我：「原來如此。」

由梨：「周長也相等嘛。」

野奈：「我知道相等啦…╷！」

我：「由梨、由梨。野奈想問的不是『全等三角形的周長是否相等？』野奈想問的是：『為什麼只關注三個邊與三個角？』也就是說，她對推論的過程有疑問。」

由梨：「咦⋯⋯」

我：「我覺得這個問題很重要喔。首先『全等三角形的周長相等』這點，毫無疑問是全等三角形的性質。我們剛才已經討論過這點了。」

野奈：「是的⋯₀O」

我：「全等三角形還有其他性質喔。」

由梨：「譬如面積嗎？」

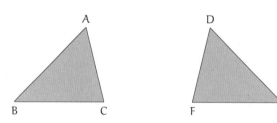

兩個全等三角形的面積相等

我：「是啊。若三角形全等，這兩個三角形的面積也會相等。這也是全等三角形的性質。」

野奈：「是的⋯₀O」

我：「我在說明過邊的邊長與角的角度後，就想馬上進入下個主題，大概是因為我太急了吧，想要趕快結束掉『全等三角形的性質』，進入『三角形的全等條件』。」

野奈：「…。O」

我：「不過，花時間思考『全等三角形還有其他性質嗎……？』或者實際畫出三角形，看看情況如何，也是很重要的一環。就像野奈剛才提到的『周長』，或是由梨剛才提到的『面積』……」

由梨：「周長之所以相等，是因為把三組相等的對應邊相加起來啊──」

我：「由梨想說的是這樣吧。」

- 全等三角形各組對應邊的邊長兩兩相等。
- 「周長」由三個邊的邊長相加而得。
- 所以全等三角形的「周長」相等。

由梨：「就是這樣，就是這樣。」

我：「由『全等三角形各組對應邊的邊長兩兩相等』這個性質，可以推導出『全等三角形的周長彼此相等』對吧。」

野奈：「…。O」

我：「思考『全等三角形的性質』很有趣吧。不過，接下來要討論的『三角形全等條件』更有趣喔。野奈，可以進入下個主題了嗎？」

野奈:「沒問題……謝謝…♡♡」

我:「不會不會。」

由梨:「來吧來吧!」

2.7   三角形的全等條件

我:「前面我們談到了『全等三角形的性質』。也就是說,眼前有兩個三角形時,如果這兩個三角形全等,哪些性質會成立?

接著讓我們逆向思考看看。也就是說,眼前有兩個三角形時哪些性質成立,會讓兩個三角形全等?

我們說『若這些條件成立,三角形就全等』時,『這些條件』就是『三角形的全等條件』。」

由梨:「全等條件。」

野奈:「全等條件…。O」

2.8   三角形的全等條件①三邊相等

我深呼吸了一下。

終於到了這一步。

不要慌張、不要慌張。不要緊張、不要緊張。

我：「假設眼前有兩個三角形，若三組邊的邊長兩兩相等，則
　　這兩個三角形全等。『三組邊的邊長兩兩相等』這個條件
　　可簡稱為**三邊相等**。」

三邊相等（三角形的全等條件①）

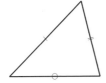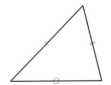

假設眼前有兩個三角形。

　　若三組邊的邊長兩兩相等，
　　則這兩個三角形全等。

「三組邊的邊長兩兩相等」這個條件可簡稱為**三邊相等**。

由梨：「三邊相等。」

野奈：「三邊……相等…。O」

我：「是啊。兩個三角形中，
　　　　若三組邊的邊長兩兩相等，
　　　　則這兩個三角形全等。
　　野奈認同這點嗎？」

野奈：「認同…₀O」

> 野奈老實地回應。
> 不過，她的眼神有些飄移。
> 不像之前那樣堅定地點頭。
> 看來還有糾結的地方。
> 這時候就要敲敲「**野奈老師**」的門了。

我：「叩叩、叩叩。」

> 我朝著空氣假裝敲了敲門，並發出敲門的聲音。

野奈：「是的…₎？」

我：「『野奈老師』在嗎？」

野奈：「是，有什麼事嗎…₎？」

> 野奈心中有兩個人。
> 一個人扮演學生，另一人扮演老師。

- 「野奈同學」對數學有興趣，想學數學。
- 「野奈老師」則會試著幫助野奈同學理解數學。

> 當然，這兩個人只是虛構的人格，卻是我們一起創造出來的共識*1。

---

*1 參考《數學女孩秘密筆記：學習對話篇》[1]。

不管是我、由梨,還是野奈,都很重視這項共識。

特別是野奈本人。為了「自己學習」,所以一直在自己心中扮演著老師與學生兩個角色。

而我現在則是透過敲門,接觸「野奈老師」。

我:「剛才我說『假設眼前有兩個三角形,若三組邊的邊長兩兩相等,則這兩個三角形全等』,這句話『野奈同學』真的理解了嗎?」

我詢問了「野奈老師」——
然後等待。
等待。
我等待著。
等她心中的「野奈老師」與「野奈同學」結束對話後,再告訴我們結果。

2.9 「野奈老師」的回答

野奈:「她覺得『這不是理所當然的嗎?為什麼要問呢?』……這樣…$_\circ$O」

我:「原來如此。」

原來如此。
她是在「這個地方」上糾結啊。

野奈:「若是全等就可以重合……邊長當然也相等…$_\circ$O」

我：「嗯，沒錯，野奈想的是

　　既然全等，三組邊的邊長就兩兩相等

　　對吧。但我說的是

　　如果三組邊的邊長兩兩相等，三角形就全等

　　這兩段敘述不一樣喔。」

野奈：「哪個……哪個是錯的呢？」

由梨：「兩邊都對吧？」

我：「兩邊都對喔。如果是全等，三組邊的邊長就兩兩相等。
　　反過來說，當三組邊的邊長兩兩相等，三角形就全等。兩
　　個敘述都對，都沒有錯。」

野奈：「好難…O」

我：「這在數學上很重要，讓我們慢慢說明吧。我想說的是，
　　以下兩段敘述並不相同。」

- 若三角形全等，則三組邊的邊長相等。
- 若三組邊的邊長相等，則三角形全等。

野奈：「…O」

我：「妳知道這兩段敘述哪裡不同嗎？」

野奈：「大概…O」

　　野奈沒自信地點了點頭。那麼，就讓她挑戰看看吧。

我：「野奈可以舉例子說明符合以下條件的敘述嗎？

- 若 P，則 Q。
- 若 Q，則 P。

什麼例子都可以。」

野奈：「不行⋯⋯做不到⋯。O」

由梨：「咦──什麼例子都可以，很快就能舉出來啦──」

野奈：「野奈的、頭腦⋯⋯不好⋯。O」

我：「舉例來說，以下有兩個關於點心的敘述。」

- 若那個點心是銅鑼燒，則那個點心就很好吃。
- 若那個點心很好吃，則那個點心是銅鑼燒。

由梨：「好吃的點心又不只銅鑼燒！」

以由梨的話為契機，兩人開始討論了甜點。
看到兩人討論得很開心，我也鬆了一口氣。
時間。是時間。
需要時間。
把想法傳達給對方時，需要時間。
等待對方接受、消化，需要時間。

我：「回到我們討論的主題吧。」

由梨：「什麼主題啊？」

我：「就是這個主題喔。」

- 若三角形全等，則三組邊的邊長相等。
- 若三組邊的邊長相等，則三角形全等。

野奈：「這兩個……不一樣…。O」

我：「是啊。對兩個三角形來說『若全等，則三組邊的邊長相等』與『若三組邊的邊長相等，則全等』是不同的敘述。因為是不同的敘述，所以須要分別確認兩邊是否正確才行。不過呢，只要把兩個三角形重合在一起，就能看出來了。」

由梨：「嗯嗯。『若全等，則面積相等』是對的，但『若面積相等，則全等』就不對了。」

- 若全等，則面積相等。（正確）
- 若面積相等，則全等。（不正確）

我：「對耶。這個例子真棒！」

由梨：「就算面積相等，也不一定會全等嘛！」

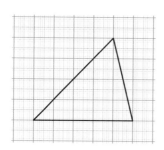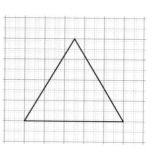

面積相等但不全等的兩個三角形

野奈：「周長也…是嗎…？」

由梨：「野奈的回合！」

野奈：「若是全等，周長也相等……但是，周長相等時，不一
　　　定全等…？」

- 若全等，則周長相等。（正確）
- 若周長相等，則全等。（不正確）

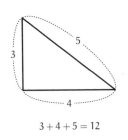　　　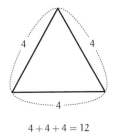

$$3 + 4 + 5 = 12 \qquad 4 + 4 + 4 = 12$$

周長相等但不全等的兩個三角形

我：「沒錯沒錯！野奈舉的例子也很棒！」

　　我一邊稱讚野奈，一邊思考。

　　我剛才有說「什麼例子都可以」。我本來覺得這麼做或許
可以讓野奈比較想舉例，不過這並沒有幫到野奈。

　　在我與由梨舉例說明時，野奈也提出了自己的例子，而且
就是用她一直很想說的「周長」來舉例。

　　舉例也需要例子。

　　我不禁這麼想。

由梨：「畢竟有時候即使周長相等，三角形也不會全等嘛。」

我：「是啊。即使周長相等，兩個三角形也不一定會全等
嘛。」

野奈：「沒問題……沒問題…$_{0}$O」

2.10　由梨的疑問

三邊相等（三角形的全等條件①，再次列出）

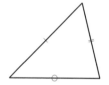 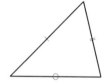

假設眼前有兩個三角形。

　　若三組邊的邊長兩兩相等，
　　則這兩個三角形全等。

「三組邊的邊長兩兩相等」這個條件可簡稱為**三邊相等**。

我：「三邊相等聽起來很難，不過想成是三組邊的邊長相等，就簡單多了。若三邊相等，則全等。這點沒問題吧？」

野奈：「是的…$_{O}$」

由梨：「可是，為什麼要特別講這些呢？」

我：「『這些』指的是三邊相等這件事嗎？」

由梨：「嗯。」

我：「為什麼要特別講『若三邊相等，就全等』啊。嗯……這個嘛，舉例來說，假設野奈在國外，和由梨用電話通訊。」

野奈：「國外…$_{O}$」

我：「也就是說，兩人沒辦法直接見面。野奈手上有 △ABC，由梨手上有 △DEF。」

由梨：「哦哦──？」

我：「因為不能直接見面，所以沒辦法把兩個三角形疊在一起。不過，野奈可以透過電話，把三邊長度告訴由梨。由梨也可以測量自己手上的三角形的三邊長度。」

由梨：「哦哦，原來如此喵。」

我：「當三組邊的邊長兩兩相等，就是所謂的三邊相等。即使沒有真的把兩個三角形疊在一起，也知道野奈手上的 △ABC 與由梨手上的 △DEF 全等。」

野奈：「就算沒有實際看到…？？」

我：「是啊。就算沒有實際看到三角形，也知道它們會全等。如果三邊相等，就可以確定它們一定全等。」

[三邊相等] → [全等]

由梨：「也知道它們的面積會相等喔。」

我：「沒錯沒錯！如果知道野奈的 △ABC 與由梨的 △DEF 全等，就可以確定這兩個三角形面積相等了。我們可以用箭頭把這些敘述連在一起。這就是邏輯。」

[三邊相等] → [全等] → [面積相等]

野奈：「…ₒO」

我：「如果將三角形直接疊在一起，馬上就可以看出它們會 [全等]。即使沒辦法疊在一起，只要知道它們 [三邊相等]，也可以說它們會 [全等]。因為知道 [三邊相等]，就可以推論出它們會 [全等]。而且我們還可以說它們 [面積相等]。因為知道 [三邊相等]，就可以推論出它們會 [面積相等]。就像連接在一起的道路一樣，這些敘述也都連接在一起。所以說，三角形的全等條件相當重要。就算我們沒有真的把三角形疊起來，只要『這些』成立，就可以說三角形全等。『這些』就是三角形的全等條件。三角形的全等條件中，最常用的有三個。三邊相等就是其中一個——唉呀！講太快了嗎？」

野奈：「沒問題……沒問題…$_o$O」

由梨：「安全上壘！」

我：「太好了。那麼，妳們知道為什麼三邊相等那麼重要嗎？」

由梨：「我知道。用電話告訴對方三邊長的例子很有趣耶。知道三邊長，確定三邊相等後，就可以確定三角形全等了，也知道三角形的面積相等。不過，即使知道面積，確定面積相等，三角形也不一定會全等。」

野奈：「邏輯…$_o$O」

2.11　三角形的全等條件②兩邊與夾角相等

我：「接著來談談三邊相等以外的全等條件吧。假設有兩個三角形。若兩組邊的邊長兩兩相等，且這兩邊夾角的角度也相等，則這兩個三角形全等。這個條件可簡稱為**兩邊與夾角相等**。」

兩邊與夾角相等（三角形的全等條件②）

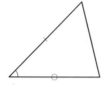 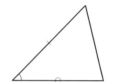

假設眼前有兩個三角形。

> 若兩組邊的邊長兩兩相等，
> 且這兩邊夾角的角度也相等，
> 則這兩個三角形全等。

「若兩組邊的邊長兩兩相等，且這兩邊夾角的角度也相等」這個條件可簡稱為**兩邊與夾角相等**。

由梨：「兩邊與夾角相等。」

野奈：「兩邊……與夾角相等…。O」

我：「討論三邊相等時，我們關注的是三個邊的邊長。兩邊與夾角相等則不同，我們關注的是兩個邊與這兩個邊的夾角……對了，妳們覺得兩邊與夾角是什麼意思呢？」

野奈：「是『兩個邊』和『一個角』……嗎…？」

野奈用手指在空中畫了一個大大的 V 字。

我：「剛才野奈說的是『兩個邊』和『一個角』。大致上符合，但可惜差一點點！」

由梨：「兩個邊，和它們夾的角？」

我：「沒錯沒錯，這點很重要喔。『兩邊與夾角』指的是『兩個邊，與它們所夾的角』。」

野奈：「錯……錯了嗎…？？」

我：「剛才野奈用手指畫出了 V 字，那麼野奈腦中想的一定沒有錯喔。雖然說的是『一個角』，不過心中想的是『夾的角』對吧？」

野奈：「是的…？？」

我：「不過，有時候即使野奈心中想的沒有錯，化為言語說出來時，可能會傳達錯誤的意思。」

野奈：「…？？」

我：「說『夾的角』是有原因的。如果只說『一個角』，就不確定是指三角形的哪個角了。」

野奈：「好難…。O」

我：「舉例來說，看看這兩個三角形。」

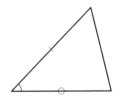 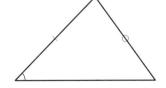

野奈：「不全等…ㄥ！」

我：「是啊。這兩個三角形中，兩組邊的邊長兩兩相等，而且一組角的角度相等。但是，這兩個三角形並不全等。」

野奈：「無法重合……無法重合…。O」

由梨：「這個例子更誇張耶！」

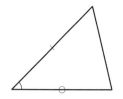

我：「由梨的例子更可以明顯看出它們不全等耶！」

野奈：「完全不同…。O」

我：「所以說，光只有『兩個邊』與『一個角』，還不足以構成全等條件，必須用到『兩邊的夾角』才行。兩邊的夾角還有其他描述方式喔。

　　• 兩邊所夾之角
　　• 兩邊夾角
　　• 兩邊夾著的角
　　• 兩邊形成的角
　　• 兩邊之間的角

　　若能清楚描述是在指哪個角，就是好的描述方式；如果讓人覺得模糊不清，就是不好的描述方式。」

野奈：「…ᵢ！」

野奈的眼睛突然閃閃發亮。
為了不要妨礙她思考，我悄悄問她。

我：「野奈，妳發現什麼了嗎？」

野奈：「老師不重要……重要的是原因…₂？」

我：「沒錯沒錯！這裡也一樣。不是因為老師說『夾的角』很
　　重要，所以重要；而是因為這樣才能清楚表達意思，所以
　　重要。就是這樣！」

由梨：「要是不能精確傳達意思，就沒意義了嘛。」

野奈：「精確…₀O」

我：「數學領域中，語言相當重要。但並非一字一句都完全不
　　能變動，重要的是能夠清楚傳達想要傳達的內容。」

兩位少女認同了我說的話，點了點頭。

2.12　三角形的全等條件③兩角與夾邊相等

我：「剛才我們考慮的是三角形的全等條件，也就是

　　哪些性質成立，會全等？

- 三邊相等
- 兩邊與夾角相等

除此之外，還有一個很常用的全等條件喔。那就是兩組角的角度兩兩相等，且這兩角夾邊的邊長也相等，此時三角形也會全等。這個條件可簡稱為**兩角與夾邊相等**」

野奈：「兩角與夾邊……相等…。O」

由梨：「兩角與夾邊相等。」

我：「『兩組角與它們夾的一組邊』也可以說成是『一組邊與它們兩端的角』。」

由梨：「兩個角夾著一個邊，和邊兩端有兩個角，意思不是一樣嗎？」

我：「是啊，意思一樣喔。」

兩角與夾邊相等（三角形的全等條件③）

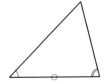 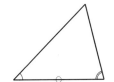

假設有兩個三角形。

若兩組角的角度兩兩相等，
且這兩角夾邊的邊長也相等，
則這兩個三角形全等。

「若兩組角的角度兩兩相等，且這兩角夾邊的邊長也相等」，這個條件可簡稱為**兩角與夾邊相等**。

野奈：「夾……很重要…。O」

我：「沒錯！只說『兩個角』與『一個邊』就不對了！一定得是『夾邊』，三角形才會全等。」

 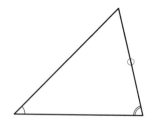

由梨：「我知道了！」

我：「嗚哇！」

野奈：「由梨…_?？」

由梨：「若只考慮『兩角』還不能確定，但如果也考慮到『夾邊』就確定了！吶——吶——聽我說！」

我：「我有在聽喔。」

由梨：「我們可以畫出許多『兩角相等』的三角形不是嗎？」

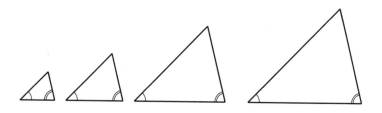

我：「是啊。如果不考慮邊長是這樣沒錯。」

由梨：「然後呢，如果把夾邊一～～直拉長，到『兩角與夾邊相等』的瞬間，就會全等！這就是全等條件！」

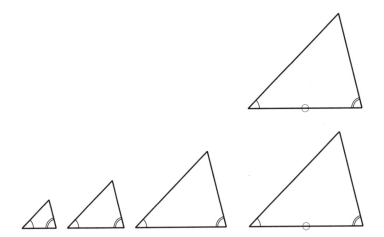

我：「沒錯！當『兩個角』的角度與『夾邊』的邊長確定之
　　後，就能決定唯一的三角形。即使在不同地方、有不同的
　　傾斜角度，或者彼此為鏡像，只要確定『兩角與夾邊』，
　　就可以決定唯一的三角形。就是這樣。三角形的全等條
　　件，就是在決定唯一的三角形喔，由梨！」

由梨：「就是說啊！」

野奈：「…┐！」

「舉例這件事，也需要例子。」

第 2 章的問題

●問題 2-1（全等三角形的性質）

設 △ABC 與 △DEF 全等，且點 A、B、C 分別對應到點 D、E、F。試回答此時的①～⑧「成立」或「不成立」。

① AB = DE

② BC = FD

③ AC = CA

④ ∠ACB = ∠DFE

⑤ ∠BAC = ∠FDE

⑥ ∠ABC = ∠DFE

⑦ △ABC 與 △DEF 的面積相等。

⑧當 △ABC 為正三角形，△DEF 也是正三角形。

（解答在 p.242）

●問題 2-2（三角形的全等條件）

試回答以下①～⑥的情況下，△ABC 與 △DEF「全等」

嗎？還是「不一定全等」呢？如果「全等」，請回答是依

哪個三角形的全等條件來判斷的。

① AB = DE、 BC = EF、 AC = DF

② AB = DE、 BC = EF、 CA = ED

③ AB = DE、 BC = EF、 ∠ABC = ∠EFD

④ AB = DE、 BC = EF、 ∠ABC = ∠DEF

⑤ ∠ABC = ∠DEF、 ∠BCA = ∠EFD、 ∠CAB = ∠FDE

⑥ AB = DE、 ∠CAB = ∠FDE、 ∠ABC = ∠DEF

....

三角形的全等條件

▶ **三邊相等**

　　三組邊的邊長兩兩相等。

▶ **兩邊與夾角相等**

　　兩組邊的邊長兩兩相等，

　　且兩邊夾角的角度也相等。

▶ **兩角與夾邊相等**

　　兩組角的角度兩兩相等，

　　且兩角夾邊的邊長也相等。

（解答在 p.246）

●問題 2-3（全等的原因）

設 △ABC 與 △DEF 中

$$\begin{cases} AB = DE \\ \angle ABC = \angle DEF \\ \angle BCA = \angle EFD \end{cases}$$

此時，△ABC 與 △DEF 全等。為什麼呢？

（答案在 p.252）

第 3 章

讀懂證明

> 「為什麼可以這麼說呢？」

3.1 證明兩個角相等

我：「試著想一下這個問題吧。」

問題 3-1

假設 △ABC 與 △DEF 中，邊 AB 與邊 DE 的邊長相等，邊 BD 與邊 EF 的邊長相等，邊 CA 與邊 FD 的邊長相等。試證明，此時角 ABC 與角 DEF 的角度大小相等。

由梨：「哦——來了來了，正名問題！」

野奈：「…$_0$O」

　　由梨拿了一張放在餐桌上的影印紙，一邊讀問題，一邊開始畫圖。

　　另一方面，野奈則是在讀完題目後看著我的臉發呆。

我：「野奈？」

野奈：「該怎麼做⋯⋯該怎麼做才好呢⒄？」

我：「妳已經讀完題目了吧。那麼就試著思考問題在問什麼吧。這是關於什麼的問題呢？」

野奈：「關於 △ABC 與 △DEF 的問題⋯⒄？」

我：「是啊。題目中有提到

> △ABC 與 △DEF 中⋯⋯

所以這是個關於 △ABC 與 △DEF 兩個三角形的圖形問題喔。」

野奈：「沒看到⋯⋯三角形⋯₀O」

我：「嗯。雖然是關於三角形的圖形問題，卻沒有畫出三角形的圖。光是這樣很難理解題目的意思。所以首先讓我們試著畫出圖吧。」

由梨：「像是這種圖嗎？」

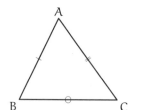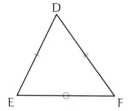

讀過問題3-1之後，由梨畫出來的圖

我：「是啊！由梨幫我們畫出了圖。圖形問題中，畫圖是件很
　　重要的事。因為有圖之後，就可以清楚明白『邊 AB』這
　　個詞指的是什麼。」

野奈：「畫出三角形…ₒO」

由梨：「為邊長相等的邊做記號吧！」

我：「嗯，這樣就可以清楚分辨出哪些邊相等了。題目這樣
　　寫。

> 假設 △ABC 與 △DEF 中，
> 邊 AB 與邊 DE 的邊長相等，
> 邊 BD 與邊 EF 的邊長相等，
> 邊 CA 與邊 FD 的邊長相等。

所以由梨一邊讀題目，一邊為各條邊加上這樣的符號。

這麼一來，哪個邊和哪個邊相等就一目瞭然了。」

由梨：「對啊。畢竟題目寫得很複雜嘛。」

我：「題目假設各組邊的邊長兩兩相等，所以必須仔細追究哪
　　個邊和哪個邊相等。」

野奈：「一邊讀題目…ₒO」

我：「而問題 3-1 的最後寫到

> 試證明，此時角 ABC 與角 DEF 的角度大小相等。

所以我們須要證明這個敘述。」

由梨：「簡單簡單！這個和這個相等對吧？」

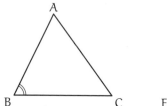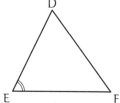

我：「是啊。這就是我們要證明的事。對了，野奈有回答過問題 3-1 這種證明題嗎？」

聽到我的問題後，野奈有些遲疑地點了點頭，表情有些困惑。

野奈：「我……不大會…ₓX」

我：「嗯，如果不習慣證明大概會覺得很難吧。不曉得該怎麼回答，才算是有證明出來。」

野奈：「不知道……我不知道…ₓX」

我：「我們可以直接回答角 ABC 的角度嗎？譬如 ∠ABC = 60°。」

野奈:「不行…。O」

我:「或者,我們可以直接回答兩個角的角度相等嗎?譬如 $\angle ABC = \angle DEF$。」

野奈:「呃……不行…₂?」

野奈偷偷瞄了由梨一眼。

由梨:「不是要說明 $\angle ABC = \angle DEF$ 的原因嗎?」

我:「沒錯!題目要我們說明的是原因。為什麼我們可以說『角 ABC 與角 DEF 的角度相等』呢?清楚說明原因,就是所謂的證明。」

野奈:「原因……很重要…。O」

我:「嗯!原因很重要。必須讓閱讀證明的人覺得『原來如此,因為有這個原因,所以角 ABC 與角 DEF 的角度相等!』才行。寫證明的時候,必須清楚寫出原因,讓閱讀的人不會產生任何疑問。」

野奈:「好難…。O」

我:「困難的證明很難,但簡單的證明很簡單喔。」

由梨:「這麼說也沒錯啦。」

我:「舉例來說,問題 3-1 的證明可以這樣寫。」

解答 3-1a

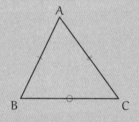 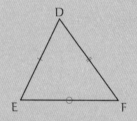

（證明）

　　由前提假設可以知道，△ABC 與 △DEF 中，以下關係成立。

$$AB = DE、$$
$$BC = EF、$$
$$CA = FD$$

三邊相等，故 △ABC 與 △DEF 全等。

全等三角形的對應角角度相等，故角 ABC 與角 DEF 的角度相等。

（證明結束）

由梨：「呵呵呵，簡單簡單啦！」

我：「野奈覺得如何呢？雖然解答 3-1a 很短，卻也是個證明的例子。讀完之後，會覺得『原來如此，角 ABC 與角 DEF 的角度確實相等』嗎？」

野奈：「好難…₀O」

我：「覺得哪裡難呢？」

野奈：「假設……是什麼呢…₂？」

我：「原來如此。那我們照順序一個個說明吧。」

3.2 假設與結論

我：「我們可以把證明題的**假設**與**結論**想成這樣

這樣會比較好懂喔。

如果寫成這樣

那麼 ♡ 就是假設，♠ 就是結論。」

野奈：「假設……和結論…₀O」

我：「問題 3-1 中的假設是『三組邊各自相等』，結論是『角 ABC 與角 DEF 的角度相等』，也就是這樣。」

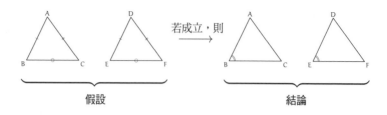

我：「可以寫成這樣的式子。」

野奈：「…₀O」

我：「我們想主張的是『若 AB = DE、 BC = EF、 CA = FD，則 ∠ABC = ∠DEF』。或者說，我們想主張

若假設成立，結論也會成立。

但即使我們大聲喊出『如果這個假設成立，這個結論也一定會成立！』這項主張也不會因此而成立。我們必須說出原因，也就是『為什麼我們可以這麼主張』才行。在這個假設成立的條件下，為什麼這個結論會成立。我們的證明就是為了寫出中間的原因。」

野奈：「原因……很重要…₀O」

我：「如果給定的前提假設成立，那麼該結論也會成立——以清楚的邏輯說明原因，這就是**證明**。舉例來說，解答 3-1a 中，寫證明的流程如下。」

假設 $\boxed{AB = DE \cdot BC = EF \cdot CA = FD}$

↓
因為三邊相等
三角形ABC與三角形DEF全等。

↓
因為全等三角形的對應角角度相等
結論 $\boxed{\angle ABC = \angle DEF}$

由梨：「說明好冗長喔喵。」

我：「這個問題很簡單，所以說明看起來會有些冗長。不過我們現在說的是如何用邏輯將假設與結論連結起來，寫出一個證明。野奈覺得如何呢？」

野奈：「因為邊相等…這樣不行嗎…﹖？」

我：「什麼意思呢？可以再說得詳細一點嗎？」

3.3 要寫出多少證明才行呢

野奈：「因為邊相等，所以角也相等……這樣不行嗎…﹖？」

我：「就一個證明來說，如果只寫『因為邊相等，所以角也相等』，這樣的說明還不太夠喔。」

野奈的證明（說明不足）

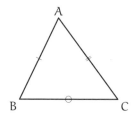 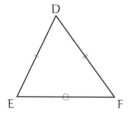

（證明）

　　因為邊相等，所以角也相等。

（證明結束）

野奈：「不行啊…ₓX」

我：「至於為什麼不行，是因為這樣的敘述會產生以下疑問──

- 『邊相等』，指的是哪個邊與哪個邊相等呢？
- 『角也相等』，指的是哪個角與哪個角相等呢？
- 為什麼我們可以從『邊相等』推導出『角相等』呢？」

野奈：「那個……因為全等…ₒO」

我：「嗯。野奈的理解是對的，想法並沒有錯。因為三邊相等，所以 △ABC 與 △DEF 全等。因為全等，所以 ∠ABC = ∠DEF。寫證明的時候，就是要把野奈現在『心中』想到的東西寫出來。也就是把『為什麼會這樣』的原因寫出來。不能一直把原因放在『心中』，而是要把它拿到『心

之外』，這點很重要喔。」

由梨：「看看由梨的證明吧！有寫出全等喔。」

由梨的證明（說明不足）

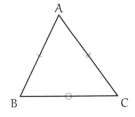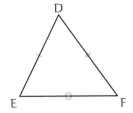

（證明）

$$AB = DE$$
$$BC = EF$$
$$CA = FD$$
$$\triangle ABC \equiv \triangle DEF$$
$$\angle ABC = \angle DEF$$

（證明結束）

我：「原來如此，是列出式子證明嗎？確實，每條式子都對。
　　用來表示『△ABC 與 △DEF 全等』的式子

$$\triangle ABC \equiv \triangle DEF$$

　　也有寫對。不過做為證明題的答案，說明還是不大夠喔，
　　由梨。」

由梨：「咦──為什麼？寫錯了嗎？」

我：「雖然列出了式子，但看不出來是哪條式子推導出了哪條
　　式子，也不曉得是怎麼推導出來的。」

由梨：「唉呀……」

我：「不過，只要在由梨的證明中補上幾句話，就可以得到正
　　確答案囉。」

解答 3-1b（加筆補充由梨的證明）

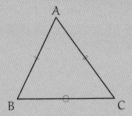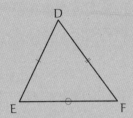

（證明）

由前提假設可以知道，△ABC 與 △DEF 中，以下關係成立。

$$AB = DE、$$
$$BC = EF、$$
$$CA = FD$$

三邊相等，故

$$△ABC \equiv △DEF$$

全等三角形的對應角角度相等，故

$$\angle ABC = \angle DEF$$

（證明結束）

由梨：「這沒什麼變啊。」

我：「不不不，這個版本中有寫出每條式子成立的原因不是嗎？如果假設成立，那麼結論就會成立——所謂的證明，就是在說明這件事，得一步步說明原因才可以。所以說，不能只有列出一條條式子，而是要用言語清楚說出原因才行。」

野奈：「原因很重要⋯₀O」

由梨：「咦——等一下喔，哥哥。若是要『一步步說明原因』，根本說不完嘛。說得再多，還是能繼續問『為什麼？』不是嗎！」

我：「沒有這回事喔。」

由梨：「如果是這樣，那為什麼 AB = DE 呢？」

我：「解答 3-1b 的證明（p.93）中，針對『為什麼 AB = DE 會成立』這個問題，已經寫出了答案。一開始我們就有提到『由前提假設可以知道』了不是嗎？」

由梨：「不能問『為什麼這個假設會成立？』嗎？」

我：「這個嘛，題目給的假設為大前提，我們會預先設定這個假設成立。所以不能問『為什麼這個假設會成立？』不對，問也是可以問，不過答案就會是『因為是前提假設，故顯然成立』。」

　　由梨發出了「嗚⋯⋯」的聲音，瞪視著證明，像是要找出證明的漏洞一樣。

由梨：「解答 3-1b 的證明中沒有寫出『∠ABC 與 ∠DEF 為對應角』這條說明耶。這樣也沒關係嗎？」

我：「當然，寫出這條說明也可以喔。不過，因為我們已經寫出了 △ABC ≡ △DEF，又因為 ∠ABC 與 ∠DEF 為對應角，所以就算不寫也可以接受。」

由梨：「可以寫得這麼模糊不清嗎？難道沒有規定要寫得多細嗎？還是說要寫得多細都行呢？」

我：「只要這個證明可以從前提假設順利推導到結論就可以了，不須要寫太多細節喔。舉例來說，如果要說明從學校正門到教室該怎麼走，那麼『右腳請往前踏，接著請踏出左腳』這樣的說明就太詳細了。」

由梨：「雖然是這樣沒錯——既然如此，要怎麼寫證明才對呢？難道沒有特定的『規則』說證明應該要怎樣寫嗎？」

野奈：「規則…$_{o}$O」

我：「雖然沒有那種規定『每一字每一句該怎麼寫』的規則，不過寫證明的時候還是要掌握幾個重點喔。譬如我們說明如何從學校正門走到教室時，『請前往階梯所在位置』這點就很重要了。」

由梨：「哦哦——！」

我：「以問題 3-1 為例，

設三角形 ABC 與三角形 DEF 全等

這就是一大重點了。因為全等，所以我們才能說對應角的角度相等。」

由梨：「也可以寫成 $\triangle ABC \equiv \triangle DEF$ 吧？」

我：「當然可以囉。這題證明中，不管是用文字描述，還是寫成式子，都一定會提到全等，才能推導出我們要的結論。至於為什麼會全等，則是因為三組對應邊兩兩相等，這件事也不能省略。」

野奈：「三邊……相等…。O」

我：「沒錯。就是三邊相等！那麼，為什麼三組對應邊會兩兩相等呢？這源自題目一開始給定的前提假設，再往前就無須追究了。由前提假設可以知道三邊相等。由三邊相等可以知道三角形全等。因為全等，所以我們可以說對應角的角度相等。這樣我們就能從假設順利推導到結論了。」

由梨：「嗯嗯……」

我：「知道從假設推導到結論的流程後，接著就要清楚寫出式子或文字，讓閱讀者可以瞭解其中原因，這就是證明。」

野奈：「清楚寫出來…。O」

我：「解答 3-1a（p.86）與解答 3-1b（p.93）的證明流程相同，但寫法不同。證明就像作文一樣，即使是相同的內容，也有很多種不同的寫法。」

野奈：「作文……是嗎…。？」

我：「是啊。證明就像作文。作文是將自己想到的、感受到的事物，用對方看得懂的文字寫出來對吧？」

野奈：「作文…ₒO」

我：「證明也一樣。是將自己想到的數學性內容，用對方看得懂的文字寫出來。有時候用文字無法明確表達，這時候就會改用數學式來描述，必要時還會用到圖表。以邏輯性的敘述，從假設推導出結論，是數學證明的一大重點。」

野奈：「作文……我不擅長…ₒO」

我：「這樣啊——嗯，我記得野奈喜歡的是畫畫對吧？」

野奈：「超喜歡…｜！」

我：「舉例來說，假設野奈畫了一張兔子，如果看到這張畫的人卻覺得『這是狐狸』，也會讓妳有些困擾吧。」

我說的話讓野奈皺了一下眉頭。

野奈：「我不喜歡那樣…ₒO」

我：「是啊，為了讓人看出那是兔子，我們會畫出兔子的特徵。譬如把耳朵畫得比較長之類的——」

由梨：「尾巴會畫得比較短。」

我：「嗯，譬如把尾巴畫得比較短。畫出這些兔子的特徵後，就可以讓其他人知道『這是兔子』。也就是說，我們必須清楚畫出想表達事物的特徵，看畫的人才不會誤解，我們也才能把想傳達的訊息傳達出去。」

野奈：「證明也一樣…$_?$？」

我：「是啊。先列出前提假設，因為某某原因所以某某條件成立，經某某方式推導後得到結論。把這些過程清楚明瞭地寫出來，就是證明。」

野奈：「…$_o$O」

我：「接著，為了大聲宣布我們成功證明了這個結果，必須清楚寫出結論才行。不能寫出『之後就不用多談了吧』之類的文字，而是要清楚寫出『角 ABC 與角 DEF 角度相等』。這樣就能清楚傳達我們想表達的訊息了。就像為了不讓看畫的人把兔子與狐狸弄混而畫出牠們的特徵一樣。寫證明的時候也要思考我們想傳達的是什麼訊息，然後清楚寫出來。」

聽我說完一大段話的野奈，眼睛閃閃發亮。

3.4　證明等腰三角形的兩底角相等

我：「嗯，接著讓我們來試試看其他證明吧。由梨和野奈會累嗎？」

由梨：「完全不會。」

野奈：「不……不會累…$_o$O」

問題 3-2

等腰三角形的兩底角角度相等。請證明這點。

由梨馬上畫了張圖。

由梨:「這不是很理所當然嗎?」

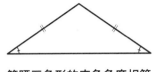

等腰三角形的底角角度相等

我:「是啊,『等腰三角形的底角角度相等』聽起來很理所當然。不過,問題 3-2 不是在問這個看似理所當然的事情是否成立,而是請證明這件事成立。」

野奈:「由梨,等一下…₀O」

野奈說完後開始讀題目。

我跟著她的視線移動。

她的視線移動得很慢,而且來回看了許多次。當然,也花了不少時間。

由梨張開嘴巴,像是要說些什麼一樣,隨後又閉了起來。她一定很想說出各種意見吧,真虧她忍得下來,大概是為了不想打擾野奈的思考。

我:「……」

由梨:「野奈,慢慢思考也可以喔,我們還有很多時間。」

我:「我說由梨啊,妳該不會在學我吧?」

由梨:「當然!」

我：「我會這樣說話嗎？」

由梨：「會會會，根本一模一樣。」

野奈：「我不知道…₀O」

我：「野奈，妳知道這個問題在問什麼嗎？」

野奈：「等腰三角形的兩底角角度相等……請證明這點…₀O」

我：「嗯，和原題目一模一樣，這表示野奈有好好讀過題目中的每個文字了。那麼題目的意思呢？題目的意思有好好地傳達給了野奈嗎？」

野奈：「…？？」

3.5　等腰三角形的定義

我：「舉例來說……嗯，如果是由梨，會想問野奈什麼呢？」

由梨：「把問題丟給我嗎！嚇了我一跳。嗯……野奈知道等腰三角形是什麼嗎？」

野奈：「我知道啦…₀O」

由梨：「那，野奈知道什麼是底角嗎？」

野奈：「這個我也記得…₀O」

由梨：「這樣就可以證明了啊！」

我：「嗯，是否瞭解**等腰三角形**與**底角**這兩個詞的**定義**很重要喔。要是不知道題目中各個詞的意義，就不曉得題目在問什麼了。」

由梨：「呵呵，瞭解定義是最基本的嘛！」

我：「不過，如果只是問『知道嗎？』回答『知道』之後就會結束了；如果只是問『瞭解嗎？』回答『瞭解』之後就會結束了。」

由梨：「既然都瞭解了，結束也沒關係吧？」

我：「可是，這樣我們還是不確定對方是不是真的明白是怎麼回事。畢竟對方並沒有用言語表現出自己的想法。」

野奈：「表現到……『心之外』…$_?$？」

我：「沒錯沒錯！『等腰三角形是什麼』這個等腰三角形的定義，並沒有從野奈的『心中』表現到『心之外』，沒有用言語表現出來。所以『詢問定義』，也就是『等腰三角形的定義是什麼』相當重要。」

野奈：「知道……真的知道…$_0$O」

我：「我並沒有懷疑野奈是不是真的知道等腰三角形的定義啦。不過，我們在討論數學的時候，每次，真的是每次，都會互相『詢問定義』喔。」

由梨：「哥哥很常『詢問定義』喔。」

野奈：「可以問嗎…$_?$？」

我：「當然。討論數學的時候，向對方『詢問定義』不是件失
　　禮的事，也不是壞事。詢問定義是件十分重要的事。」

野奈：「真的……可以問嗎…?？」

我：「是啊。因為『想要仔細聽妳的敘述』，所以才會確認定
　　義嘛。野奈，等腰三角形的定義是什麼呢？」

野奈：「兩邊邊長……相等的三角形…$_o$O」

我：「沒錯！正確答案。兩邊邊長相等的三角形，就叫做等腰
　　三角形。這就是等腰三角形的定義。」

野奈：「這種三角形…$_o$O」

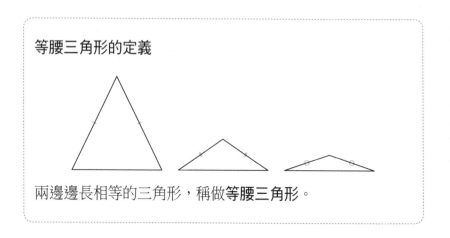

等腰三角形的定義

兩邊邊長相等的三角形，稱做**等腰三角形**。

我：「嗯，由這個定義可以知道，如果某個三角形是等腰三角
　　形，那麼這個三角形有兩邊的邊長相等。但目前還不曉得
　　它們的底角是否相等。」

由梨：「那就進入下一步吧。野奈知道『底角』的定義嗎？或者這樣問，底角的定義是什麼呢？」

野奈：「底角……我不知道…₀O」

由梨：「剛才不是說妳知道嗎？」

野奈：「我不知道該怎麼說…₀O」

我：「野奈常常回答『我不知道』。不過像剛才那樣，回答『我不知道該怎麼說』或許會比較好喔。」

野奈：「…？？」

我：「如果回答『我不知道』，聽起來就像是什麼都不知道一樣。野奈雖然沒辦法用自己的話說出底角的定義，表現在『心之外』，不過『心中』很明白底角是什麼意思不是嗎？」

野奈點了點頭，指了指圖。

野奈：「底角就是這個和這個…₀O」

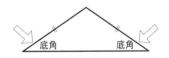

由梨：「野奈很清楚嘛！」

野奈：「因為我知道嘛…₀O」

我：「因為老師會用圖說明『底角是這個和這個』嘛。而這也讓我確定『嗯，野奈確實知道底角是什麼』。就算不用言

語說出定義，像這樣用某種方式傳達自己的意思，在數學討論中也很重要喔。」

野奈：「表現在『心之外』…？」

我：「沒錯沒錯！野奈確實將自己理解的事物表現在『心之外』了。」

野奈：「底角是……這個和這個…。O」

野奈一邊說，一邊用兩手食指沿著等腰三角形的邊滑動。兩手食指同步在等長的兩個邊上滑動，畫出了兩個底角。

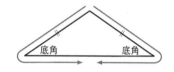

3.6　底角的定義

由梨：「然後呢？所以底角的定義究竟是什麼？」

我：「由梨要不要試著說說看呢？」

由梨：「不要，感覺很難耶。」

我：「底角可以這樣定義喔。」

等腰三角形的底角定義（使用頂角）

等腰三角形有兩個邊長相等的邊。

這兩個邊所夾的角，稱做**頂角**。

等腰三角形的三個角中，<u>除了頂角以外的兩個角</u>，稱做底角。

由梨：「用『頂角以外的角』來定義底角，會不會有點狡猾啊？」

我：「不不不，一點都不狡猾喔。這麼一來就可以清楚指出哪些角是底角了對吧？而且，這樣不只能定義底角，也能定義頂角，很方便對吧？」

由梨：「唔唔唔，如果可以用其他東西來定義……」

由梨雙手抱胸，開始認真思考。

她在想甚麼呢？

野奈：「…₀O」

由梨：「……設頂角對面的邊為底邊，底邊兩端的角就是底角！」

我：「原來如此。用頂角定義底邊，再用底邊定義底角是嗎？」

等腰三角形的底角定義（使用底邊）
等腰三角形有兩個邊長相等的邊。
這兩個邊所夾的角稱做頂角。
頂角對面的邊稱做底邊。
<u>底邊兩端的角</u>稱做底角。

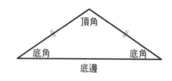

由梨：「是啊。不只定義了底角與頂角，也定義了底邊，很方便對吧？」

野奈：「哪個⋯⋯才是正解呢⋯?？」

我　：「兩種方法都可以用來定義底角喔。不管是哪種定義，都和野奈『心中』想的底角一樣對吧？」

野奈：「是的⋯。O」

我　：「不過關於底角，有個地方要注意。不管等腰三角形怎麼移動轉動，底角都不會變。這點應該很清楚吧。底角名稱的意義是『位於底部的角』，但即使等腰三角形像這樣轉個角度，底角跑到上面，它還是底角喔。由底角的定義可以知道這點。」

不管三角形怎麼轉，底角也不會改變

由梨：「當然。」

野奈：「我知道。」

3.7 回到證明問題

我：「以上，我們確認過了等腰三角形的定義。別忘了我們原本是想證明等腰三角形的底角相等喔。那麼，該怎麼證明底角相等呢？」

> 問題 3-2（再次列出）
> 等腰三角形的兩底角角度相等。請證明這點。

由梨：「摺摺看就知道了嘛！」

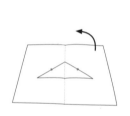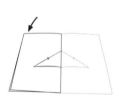

野奈：「剛好重合⋯₀O」

我：「這點子不錯耶！」

由梨：「呵呵。」

我：「不過，還是有個缺陷。」

由梨：「咦？」

我：「摺過後透著光看，確實可以說兩底角相等。但這僅限於
　　這個等腰三角形而已喔。我們想證明的對象不是只有這個
　　等腰三角形。」

由梨：「啊，這樣啊。」

我：「等腰三角形有無數個，有的很細長，有的很平坦。不
　　過，不管是哪個等腰三角形，只要它是等腰三角形，兩底
　　角的角度就一定相等，我們想證明的是這件事。」

野奈：「該怎麼做⋯⋯用畫的嗎⋯?？」

我：「嗯，我們沒辦法實際畫出無數個等腰三角形吧，所以必
　　須用邏輯方法來證明。這樣就可以適用於無數個等腰三角
　　形了。」

野奈：「好難…。O」

我：「一點都不難喔。只要用『等腰三角形』的特性進行推論，得到『該三角形的底角相等』就可以了。也就是用邏輯，將做為起點的假設，與做為終點的結論連接起來。」

野奈：「…。O」

3.8 假設與結論

我：「這次我們討論的是『等腰三角形的底角相等』，假設與結論分別是什麼呢？」

由梨：「『如果是等腰三角形，則兩底角相等』所以

> 假設　　等腰三角形
> 結論　　兩底角相等

對吧？」

我：「嗯，雖然很接近但差一點點！『等腰三角形』只是一個名詞，『兩底角相等』也沒有說是誰的底角，所以看不出來這段敘述在主張什麼。因此我們要先為三角形命名才行。

> 假設　　$\triangle ABC$ 為等腰三角形。
> 結論　　$\triangle ABC$ 的兩底角角度相等。

我們想證明的是

　　△ABC 為等腰三角形
　　　↓ 若是如此，則
　　△ABC 的兩底角角度相等

對吧？」

我說完以後，野奈悄悄在由梨耳邊講了些話。

由梨：「原來如此喵……野奈、野奈，自己說出來啦——！」

野奈：「那個…。O」

我：「嗯？」

野奈：「AB = AC 呢…? ？」

由梨：「野奈說，相等的腰也要命名啦！」

我：「厲害！野奈的提議很棒喔！△ABC 是等腰三角形，有
　　兩個等長的邊，所以可以用 AB = AC 的等式，設定是哪
　　兩個邊相等！」

野奈：「因為……這樣比較清楚…。♡」

我：「嗯嗯。就像野奈說的一樣。設定好哪兩個邊相等後，兩
　　個底角的名字也可以確定下來！」

野奈：「就是 ∠ABC 和 ∠ACB…。♡」

我：「這麼一來，假設和結論都可以清楚寫出來囉！」

問題 3-2（再次列出）

等腰三角形的兩底角角度相等。請證明這點。

　　　　・・・・・・・・・・・・

證明的準備（命名、整理設定與結論）

將等腰三角形命名為 △ABC，假設邊 AB 與邊 AC 長度相等。

| 假設 | AB = AC |
| 結論 | ∠ABC = ∠ACB |

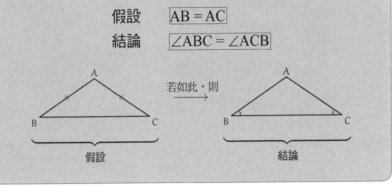

由梨：「⋯⋯」

野奈：「這就是證明⋯⋯嗎⋯。？」

我：「不不不，這還只是把假設和結論清楚列出而已喔。△ABC 中，假設 AB = AC 成立。我們想證明的是，此時結論 ∠ABC = ∠ACB 也會成立。」

野奈：「∠ABC 與 ∠ACB 相等…₀O」

我：「嗯，沒錯。事實上，這個結論確實成立。但我們必須從假設推導出結論，才能證明這件事。」

野奈：「該怎麼做呢…₂？」

由梨：「……由梨我大概知道了。只要畫出全等三角形就可以了吧。果然對摺就是正解嘛！將底邊中分，就可以得到全等三角形了，所以 ∠ABC = ∠ACB ！」

我：「由梨發現的是這樣嗎──」

由梨：「哥哥！讓由梨來說明啦喵！」

我：「說的也是，抱歉抱歉。」

野奈：「發現…₂？」

由梨：「假設底邊上的點 M 可平分底邊，因為 △ABM 與 △ACM 全等，所以 ∠ABM = ∠ACM 對吧！」

△ABM與△ACM

野奈：「A、B、M 和 A、C、M…₀O」

我：「由梨把可平分底邊 BC 的點──也就是 BC 的**中點**命名
　　為 M 對吧。」

由梨：「沒錯沒錯，這樣全等沒錯吧？」

野奈：「…_？？」

由梨：「因為三邊相等嘛！因為對應邊相等，所以 AB = AC；
　　因為是中點，所以 BM = CM，邊 AM 則是共用！」

我：「嗯，這樣就可以把假設與結論連起來了。」

解答 3-2

（證明）

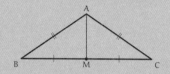

　　設 △ABC 為等腰三角形，其中 AB = AC。

　　設邊 BC 的中點為 M。

　　在 △ABM 與 △ACM 中，由假設可以知道

$$AB = AC \qquad \cdots\cdots ①$$

因為點 M 為 BC 中點，所以

$$BM = CM \qquad \cdots\cdots ②$$

因為邊 AM 為共用邊，所以

$$AM = AM \qquad \cdots\cdots ③$$

　　由①、②、③可以知道三邊相等，

$$故 \ \triangle ABM \equiv \triangle ACM$$

全等三角形中，對應角角度相等，故

$$\angle ABM = \angle ACM$$

所以 △ABC 的兩底角相等。

　　因此，等腰三角形的兩底角角度相等。

（證明結束）

由梨：「完成了完成了！」

野奈：「…$_XX$」

我：「呃……野奈，妳不認同這個證明嗎？」

野奈：「沒事…$_XX$」

　　沒事——野奈一邊說著，一邊把瀏海往前拉。
　　她正用手指纏繞著貝雷帽底下的一小撮挑染銀髮。
　　怎麼看都不像是沒事的樣子。
　　對了！問問看「野奈老師」吧。

我：「叩叩、叩叩」

野奈：「『這樣就可以了嗎？』她似乎是……想問這個…$_OO$」
　　唉呀。
　　在我提問以前，「野奈老師」就回答了。

我：「這樣？」

野奈：「作三角形就可以了……是這樣嗎…$_??$」

我：「啊啊，由梨標出中點之後作了兩個三角形，妳是指這個
　　吧。嗯，可以依自己的喜好作出三角形喔。」

由梨：「因為這樣就全等了。」

野奈：「這樣啊…$_OO$」

我：「我們想證明的是，兩底角相等。如果有兩個全等三角形，而且對應角剛好就是這兩個底角，那就太好了。

　　『如果是這樣就好了』

這是個很好的思路。『如果有全等三角形就太好了，那我們就試著作出這樣的三角形吧。』這樣想，就可以寫出證明了。」

野奈：「我想不到……要用中點…$_x$X」

由梨：「我是從『把紙對摺』這個動作想到的喔——學校大概也有教過吧。」

野奈：「沒教吧……我沒印象…$_x$X」

由梨：「有啦有啦。」

我：「不管有沒有教，有沒有印象，都先放在一邊吧。野奈覺得自己想不到——對吧。」

聽到我的話之後，野奈用力點了點頭。

野奈：「好難…$_x$X」

我：「有這種想法的人還不少喔，他們會想問

　　該怎麼做，才能想到這種證明方法呢？
　　我實在想不到。
　　但我想靠自己想到。
　　有沒有什麼方法能漂亮證明出來呢？

——之類的。」

由梨：「有這種方法嗎？」

我：「很可惜，沒有。並沒有『這麼做就一定能證明出來』之類的方法。」

由梨：「什～麼啊。」

3.9 尋找證明的方法

我：「雖然沒有那種一定能夠寫出證明的方法，但還是有方法能夠幫助我們找出證明方式喔。譬如『前進一步法』。」

野奈：「…$_?$？」

我：「所謂的『**前進一步法**』，是思考『由已確定成立的事，可以推導出哪些事也會成立？』的方法。譬如問題 3-2 中，我們有試著思考『如果 AB = AC 成立，那麼哪些事也會成立？』。」

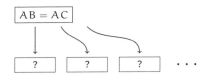

野奈：「前進…$_0$O」

我：「相對的，還有所謂的『**後退一步法**』，是思考『若希望這件事成立，需要哪些事先成立？』的方法。譬如問題 3-2 中，我們有試著思考『若希望 ∠ABC = ∠ACB，需要哪些事先成立？』。」

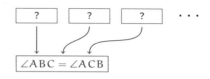

我：「如果兩個三角形全等，且角 ABC 與角 ACB 為對應角，那我們就可以說 ∠ABC = ∠ACB，所以我們會希望『如果有這種全等三角形就好了……』這個不錯的方法。由梨想到的方法就是這個思路，雖然我也不曉得由梨是不是由這條路徑得到這個想法的。」

由梨：「我早就不記得是怎麼想到這個方法了啦──」

我：「我想也是啊。總而言之，由梨作出 △ABM 與 △ACM 這兩個三角形。全等三角形的對應角角度相等，所以說，如果這兩個三角形全等，就可以得到 ∠ABM = ∠ACM，進而得到 ∠ABC = ∠ACB。這就是從結論退後一步的方法。」

野奈：「退後…₀O」

我：「這就是解答 3-2 的證明流程。引入中點，作出全等三角形後，就可以得到結論了。」

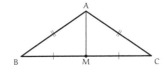

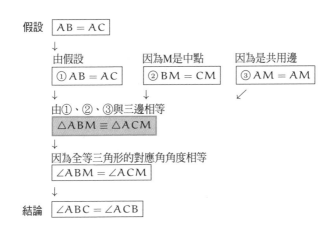

野奈：「好難…₀O」

我：「還在學習的我，也常在想到底該怎麼做，才能想到這些證明。雖然沒有『這麼做就一定能寫出證明！』的方法，但我們可以試著從已知事項出發，思考往前一步的樣子；或著從想證明的事項出發，思考後退一步的樣子。看著其他人的證明時，研究他們從假設推導到結論的過程也很重要喔。」

由梨：「試著用用看不同的方法吧！」

野奈：「自己做嗎…₂？」

我：「是啊。自己嘗試各種方法，若是不順利就改用其他方法
　　再試一次。**反覆試驗**也很重要喔。」

野奈：「可是……很恐怖…$_xX$」

我：「恐怖？」

野奈：「啊……沒事，真的沒事…$_oO$」

我：「覺得哪裡恐怖呢？可以告訴我嗎？」

野奈：「要是自己試……很怕試錯…$_oO$」

　　　野奈垂下視線。

我：「嗯，有時候確實會弄錯。每個人都可能會弄錯。」

野奈：「我說的話是不是很奇怪…$_oO$」

我：「這個嘛，誰都會在無意間說出奇怪的話吧。」

野奈：「我怕會有人罵我『**又再亂說話了！**』…$_xX$」

　　　野奈的語氣突然變得很粗暴，讓我反應不過來。

我：「咦……」

野奈：「會有人生氣地罵『唉，真是，都教妳很多次了不是
　　　嗎！』…$_xX$」

由梨：「是誰那麼過分！」

我：「野奈，那種過分的話，不用那麼在意喔。」

野奈：「…$_xX$」

野奈點了點頭，表情有些複雜。

我打開了心中的開關。

我：「聽我說，野奈。我們每個人都在學習。可能會犯錯，也
　　可能會說出奇怪的話。即使當下懂了、當下記住了，之後
　　也可能忘記。因為我們是人啊。」

◎　　◎　　◎

因為我們是人。

要是這麼做了，會得到什麼結果呢？想歸想，還是會果斷
地做下去。

嘗試去做，是件好事。

即使錯了，也是好事。

要是錯了，修正就好。

即使不順利，也沒關係。

要是不順利，修正就好。

果斷去嘗試一件事相當重要。試著自己思考。在思考的過
程中，一定會學到新東西喔，野奈！

如果不去嘗試，連做不做得到都不知道。

　　　　（我們是旅人）

我們是旅人。

可能有時候會疲累。

可能有時候會走錯路。但即使如此——

　　　　（我們仍會持續旅行）

我們仍會持續旅行

　　我們會思考、會提問、會回答、會嘗試去做，然後再思考。

　　嘗試多種方式以尋找答案。
　　雖然不是每次都能找到答案。
　　正因如此，我們會持續尋找下去。野奈！
　　正因如此，我們——

◎　　◎　　◎

由梨：「哥哥、哥哥！」

我：「——唉呀，抱歉。我太熱血了。這樣兩出局了嗎？」

野奈：「安全上壘…₁！」

我：「太好了。」

野奈：「那個…₀O」

我：「嗯？」

野奈：「謝謝……非常感謝…₀♡」

數學家們試著尋找各種問題的解答。
然而他們很常一無所獲。
那麼，尋找這件事是浪費時間嗎？
——《數學女孩》

第 3 章的問題

●問題 3-1（畫出等腰三角形）

請用圓規與可以測量長度的直尺，畫一個底邊長為 5 cm，腰為 3 cm 的等腰三角形。

（解答在 p.254）

●問題 3-2（證明等腰三角形的兩底角相等，另解①）

將等腰三角形翻面後，能與自己剛好重合。試用這個特性證明等腰三角形的兩底角相等。

提示：$\triangle ABC$ 中的 $AB = AC$ 時，$\triangle ABC \equiv \triangle ACB$。用這個特性證明 $\angle ABC = \angle ACB$。

（解答在 p.256）

●問題 3-3（證明等腰三角形的兩底角相等，另解②）
請用頂角的角平分線，證明等腰三角形的兩底角相等。

提示：一般而言，角平分線指的是可以將一個角的角度平分的直線。舉例來說，下圖中，角 AOB 的角平分線是直線 OP，可使以下關係成立。

$$\angle AOP = \angle BOP$$

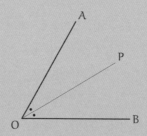

（解答在 p.258）

●問題 3-4（找出證明的錯誤①）

「等腰三角形的兩底角角度相等」為正確敘述。不過以下「證明」有誤。請找出以下「證明」的錯誤。

（證明）

　　設 △ABC 為等腰三角形，其中 AB = AC，底邊 BC 的中點為 M。

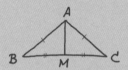

　　△ABM 與 △ACM 中，因為點 M 為邊 BC 的中點，故

$$BM = CM \qquad \cdots\cdots ①$$

因為邊 AM 與底邊 BC 垂直，故

$$\angle AMB = \angle AMC \qquad \cdots\cdots ②$$

邊 AM 為共用邊，故

$$AM = AM \qquad \cdots\cdots ③$$

由①、②、③及兩邊與夾角相等，可以得到

$$\triangle ABM \equiv \triangle ACM$$

全等三角形中，對應角角度相等，故

$$\angle ABM = \angle ACM$$

　　所以，△ABC 的兩底角相等。

（證明結束）

（解答在 p.261）

●問題 3-5（找出證明的錯誤②）

「不管哪種三角形，都是等腰三角形」是一條錯誤的敘述。然而，以下文字卻能「證明」這條敘述是正確的。請找出這個「證明」的錯誤之處。

（證明）

　　設有一個三角形，令其為 △ABC。設點 X 為邊 BC 的中點，過 X 作 BC 的垂線。

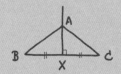

　　△ABX 與 △ACX 中，點 X 為邊 BC 的中點，故

$$BX = CX \qquad \cdots\cdots ①$$

邊 AX 與邊 BC 垂直，故

$$\angle AXB = \angle AXC \qquad \cdots\cdots ②$$

邊 AX 為共用邊，故

$$AX = AX \qquad \cdots\cdots ③$$

由①、②、③及兩邊與夾角相等，可以得到

$$△ABX \equiv △ACX$$

全等三角形中，對應角角度相等，故

$$AB = AC$$

所以，△ABC 為等腰三角形。

　　因此，所有三角形都是等腰三角形。

（證明結束）

（解答在 p.264）

第 4 章

寫出證明

「若是如此，可以說明什麼？」

4.1 在餐桌

媽媽：「來，喝茶吧。」

由梨：「謝謝。」

野奈：「謝謝…$_{o}$O」

　　一直討論數學，我也有點累了。

　　媽媽在恰當的時間打斷我們，要我們進入「點心時間」。她把野奈帶來的蛋糕切好後分給大家。

野奈：「好好吃…$_{o}$♡」

我：「栗子香的鮮奶油擠成了毛線般的長條狀，層層疊在蛋糕上，最後再放上大大的栗子。這個蛋糕真是美味。」

由梨：「哥哥啊，這蛋糕有個名字叫做『蒙布朗』。不用說那麼長一串來描述蛋糕，說蒙布朗就知道啦！」

媽媽：「每次都讓妳『帶禮物』來真是不好意思。幫我跟妳媽媽說聲謝謝啊。野奈，妳今天的帽子也很好看喔。」

野奈：「是的…。♡」

　　野奈把雙手放在她的註冊商標──貝雷帽上，露出了笑容。

媽媽：「這孩子有好好教野奈嗎？」

　　「這孩子」大概是指我吧。

野奈：「有……有教我…。O」

媽媽：「要是有不懂的地方就儘管問吧，這孩子很喜歡教人。
　　　　剛才你們學了什麼呢？」

我：「剛才我們學到三角形的全等條件──」

媽媽：「我是在問野奈喔。」

我：「好好好。」

野奈：「證明……證明…。O」

媽媽：「證明！我很不會作證明題耶。我常想為什麼要學證
　　　　明。到底為什麼要學證明呢？」

　　看起來媽媽有一半是在自言自語，所以我本來打算忽略這
些話的──野奈卻出了聲。

野奈：「因為很重要…。O」

媽媽：「證明很重要嗎？」

野奈：「那個，證明，是原因，所以，很重要…。O」

　　媽媽直盯著野奈，點頭同意她說的話。

野奈：「就是要先，假設⋯⋯然後⋯⋯我不會說⋯。O」

媽媽：「放心，我們時間很多，慢慢說也可以喔。野奈，可以
　　　多告訴我一點關於證明的事嗎？」

　　媽媽、我，還有由梨都靜靜等待著，野奈思考了一下子後
開始敘述。

野奈：「證明是⋯⋯說明『當假設成立，為什麼結論會成
　　　立』。原因⋯⋯說明其中的原因⋯。O」

媽媽：「這樣子啊。」

野奈：「原因，很重要，所以，要傳達給他人⋯⋯要清楚寫出
　　　原因，才能傳達給他人⋯。O」

媽媽：「為了清楚傳達出理由，所以才要寫證明是嗎？」

野奈：「就算被問到為什麼⋯⋯也要能夠回答得出來⋯。O」

媽媽：「這確實很重要呢。『為什麼數學證明那麼重要呢？』
　　　野奈清楚告訴了我其中的原因，很謝謝妳喔。」

野奈：「⋯。♡⋯。♡」

　　野奈不是詢問他人，而是透過與媽媽的「問答」，自己得
出了答案。這讓我有種奇妙的感動。

4.2　等腰三角形的底角相等

點心時間結束後，我們的數學雜談再次開始。

我：「野奈已經看習慣三角形的全等條件了吧。」

野奈：「是的⋯$_o$O」

由梨：「我們也證明了兩底角相等囉。」

我：「嗯，我們證明了等腰三角形的兩底角角度相等囉。」

由梨：「因為從中點對摺的時候，底角可以重合嘛！（參考 p.114）」

野奈：「翻面後也會⋯⋯重合⋯$_o$O」

我：「嗯，這個想法也很棒。等腰三角形在翻面後，會與自己重合。這樣也可以證明等腰三角形的兩個底角角度相等。」

由梨：「翻面後，和自己重合？」

我：「就是 $\triangle ABC \equiv \triangle ACB$ 囉。證明過程就像這樣。」

等腰三角形的底角相等。

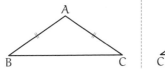 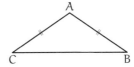

（證明）

　　設 △ABC 為 AB＝AC 的等腰三角形。

　　△ABC 與 △ACB 中，

由假設可以知道

$$AB = AC \qquad \cdots\cdots ①$$

另由假設可以知道

$$AC = AB \qquad \cdots\cdots ②$$

邊 BC 與邊 CB 共用，故可以知道

$$BC = CB \qquad \cdots\cdots ③$$

由①、②、③可以知道三邊相等，故

$$\triangle ABC \equiv \triangle ACB$$

全等三角形中，對應角大小相等，故

$$\angle ABC = \angle ACB$$

所以 △ABC 的兩底角相等。

　　因此，等腰三角形的底角角度相等。

（證明結束）

4.3 若底角相等便是等腰三角形

我：「接著我們來證明逆命題吧。」

●問題 4-1
設一三角形有兩個角的角度相等，那麼此三角形就是一個
等腰三角形。
試證明這件事。

由梨：「原來如此。紙呢、紙呢……」

由梨到書桌拿了些影印紙，然後開始書寫。

野奈：「逆…$_{o}$O」

我：「野奈也可以試試看喔，想拿多少紙都可以。先花點時間
自由想想看吧。」

野奈：「證明……要證明嗎…$_?$？」

我：「嗯，試著寫出自己的證明吧。」

野奈：「野奈也要寫嗎…$_?$？」

我：「是啊。剛才我們證明了『等腰三角形的兩底角相等』，
野奈應該也看懂了吧。參考那個證明過程，試著思考如何
證明『有兩個角相等的三角形就是等腰三角形』吧。」

野奈：「不行……我寫不出答案…$_{o}$O」

我：「一開始不用寫得太仔細也可以喔。寫錯也沒關係，野奈可以先花點時間，自己想想看。聽別人的說明很重要沒錯，不過一個人思考的時間也很重要。」

野奈：「不可能……我無法一個人思考…$_{o}$O」

野奈抓著瀏海回答。

我瞥了由梨一眼。不過由梨正專注在自己的思考中，似乎沒有聽到我和野奈的對話，看來不能指望她幫忙了。

好，那就再敲敲「**野奈老師**」的門吧！

4.4　野奈老師

我：「叩叩。『野奈老師』，妳在嗎？」

野奈：「我在…$_?$？」

在我的呼喚下，野奈的表情變得柔和了一些。

我：「有兩個角度相等的角的三角形，是等腰三角形。『野奈同學』說自己不可能證明出這題。妳覺得為什麼她會覺得不可能呢？」

「野奈老師」與「野奈同學」開始對話。
她「心中」展開的對話，就像是在自省一樣。
野奈正在思考，為什麼自己會這麼想。

- 為什麼自己會覺得自己辦不到呢？
- 自己是如何認為自己辦不到呢？

野奈：「她說因為沒有自己證明過，所以辦不到…。O」

我：「原來如此。」

野奈：「她說她完全不曉得……該怎麼寫…。O」

　　野奈的行動，有時候讓人難以理解。

　　一起討論數學的時候，野奈的思考確實沒有那麼靈敏。不過，她確實能理解我們討論的內容。她知道定義是什麼，也能理解從原因證明出結果的過程。

　　即使如此，要她自己思考的時候，就會變得相當消極。常出現「辦不到」「不可能」「不知道」「不行」「完全不行」之類的關鍵字，像是在全力逃避的樣子。

　　就像是──極力否認剛才表現出來的理解一樣，就像在說那些都是假的一樣。

　　究竟，她的心中發生了什麼事呢？

我：「那麼，我就試著問野奈『問題』吧。野奈則試著回答我的『問題』，這樣應該可以吧？」

野奈：「是的…。O」

問題 4-1（再度列出）
設一三角形有兩個角的角度相等，那麼此三角形就是一個等腰三角形。
試證明這件事。

我：「第一個『問題』是這個。」

　　「想證明什麼？」

野奈：「有兩個角的角度相等的三角形……這個三角形是等腰三角形…﹖？」

我：「沒錯，正確答案！這就是我們想證明的事。完全正確。」

野奈：「太好了…ₒO」

我：「這裡我們提到了三角形，但我們還沒為三角形取名。這樣很難討論下去，所以

　　　『為它命名吧』

要取什麼名字呢？」

野奈：「△ABC…﹖？」

我：「嗯，很棒喔。那就用野奈決定的名字 △ABC 命名吧。再來，下一個『問題』。」

　　「要在什麼假設下進行證明？」

野奈：「兩個角的角度……相等…？？」

我：「這樣是沒錯，不過既然都取名字了，就用名字來描述吧。」

野奈：「啊…！∠ABC = ∠ACB。」

我：「嗯嗯。假設角 ABC 與角 ACB 的角度相等，這段敘述可以表示成前面那條式子。很厲害喔！再來，下個『問題』。」

「證明後想得到什麼結論？」

野奈：「AB = AC…。O」

我：「嗯，沒錯。我們想得到 △ABC 為等腰三角形的結論。這段敘述可以表示成剛才野奈說的式子，也就是兩個邊等長。」

野奈：「說出來了…。O」

我：「野奈正確回答出了

- 想證明什麼
- 要在什麼假設下進行證明
- 證明後想得到什麼結論

讓我們整理一下吧！」

問題 4-1（再度列出）

設一三角形有兩個角的角度相等，那麼此三角形就是一個等腰三角形。

試證明這件事。

⋯⋯⋯⋯⋯

證明的準備（命名、整理假設與結論）

為三角形取名為 △ABC，並假設角 ABC 與角 ACB 的角度相等。

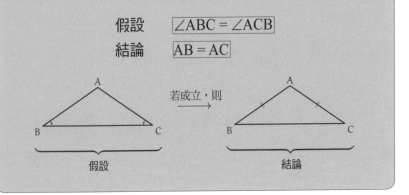

野奈：「⋯ₓX」

我：「我們現在只是整理而已，這還不是證明喔。」

野奈：「和剛才⋯⋯一樣⋯₀O」

我：「妳說的剛才，是指等腰三角形的底角角度相等的證明嗎？不，不同喔。仔細比較一下這兩次證明，可以發現假設與結論剛好相反對吧？」

主張① 如果是等腰三角形，則兩底角角度相等。

$$AB = AC \xrightarrow{\text{若成立，則}} \angle ABC = \angle ACB$$

主張② 如果兩底角角度相等，則為等腰三角形。

$$\angle ABC = \angle ACB \xrightarrow{\text{若成立，則}} AB = AC$$

野奈：「明明這兩個都是等腰三角形啊…？」

我：「嗯，主張①和主張②都是在講等腰三角形的性質，兩者都成立。不過我們的主張①已經證明完成了，主張②則還沒證明。」

野奈：「兩個……都是等腰三角形…O」

　　野奈一邊說著，兩手食指左右對稱地來回移動。
　　沿著頂角到兩個底角的邊，在空中畫出三角形。

我：「是啊。三角形中有兩個角相等，所以這是一個等腰三角形。這點完全正確。不過呢，就像剛才野奈教媽媽的一樣，說明『一件事正確』的原因，才是所謂的證明。」

　　野奈停了一下。

野奈：「原因……很重要…O」

我：「是啊。原因很重要。證明很重要。有沒有哪個原因，能說明為什麼『一件事正確』呢？我們必須正面面對這個疑問才行。」

野奈：「是的…！」

4.5 野奈的證明

我：「野奈已經理解假設和結論是什麼了。那麼，該怎麼把假設和結論連接起來呢？」

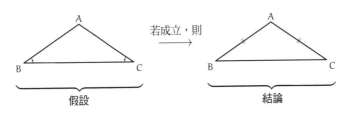

野奈：「要用到……三角形的全等…ₒO」

我：「哪個三角形和哪個三角形會全等呢？」

野奈：「一開始的，和翻過來的…ₒO」

我：「既然都取名字了——」

野奈：「啊…ᵢ！是 △ABC 與 △ACB…ₒO」

我：「它們真的會全等嗎？為什麼可以說它們全等呢？」

野奈：「兩角與夾邊相等…ₒO」

我：「嗯，原來如此。因為兩角與夾邊相等，所以 △ABC 與 △ACB 全等。」

野奈：「是…ₒO」

我：「野奈覺得『要是這兩個三角形全等就好了』對吧。為什麼呢？」

野奈：「這樣 AB ＝ AC 就成立…。O」

我：「嗯嗯，因為這樣一來 AB ＝ AC 就會成立對吧。為什麼這樣妳會覺得太好了呢？」

野奈：「因為……是結論…！」

我：「很棒喔，真的很厲害！野奈都有準確回答出我的『問題』！」

野奈：「。♡」

我：「思考的時候，剛才我們提到的『問題』很好用喔。」

- 「想證明什麼」
- 「為它命名吧」
- 「要在什麼假設下進行證明」
- 「證明後想得到什麼結論」

野奈：「…。O」

我：「除此之外，還有很多種『問題』喔。」

- 該怎麼做，才能從假設推導出結論呢？
- 哪個三角形與哪個三角形全等呢？
- 為什麼可以這麼說呢？
- 為什麼我們希望它們全等呢？

野奈：「是的…。O」

我：「野奈確實回答了這些『問題』。接著就試著寫出證明吧！」

野奈：「野奈來寫嗎…₂？」

我：「是啊，由野奈來寫。」

野奈：「做不到…ₓX」

我：「放心。剛才我問了很多『問題』，不過回答的全都是野奈自己。這表示野奈已經知道假設、結論，還有如何從假設推導出結論了。可見在野奈的『心中』，已經知道證明的流程是什麼了。」

野奈：「…₀O」

我：「接下來，只要把『心中』想到的事拿到『心之外』，把它寫出來就可以了。就像是把訊息傳達給他人一樣，把它寫出來。寫法可以參考剛才的例子（p.131）。所以放心，野奈一個人也寫得出來。試試看吧！」

聽完我說的話之後，野奈露出了前所未有的認真表情，向我點了點頭。

然後──雖然花了不少時間，野奈還是一個人成功寫出了證明。

解答 4-1a（野奈的證明）

設一三角形有兩個角的角度相等，那麼此三角形就是一個等腰三角形。

試證明這件事。

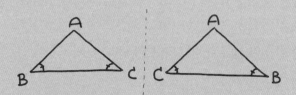

（證明）

　　設 △ABC 中，∠ABC = ∠ACB。

　　△ABC 與 △ACB 中，

由假設可以知道

$$\angle ABC = \angle ACB \qquad \cdots\cdots ①$$

由假設可以知道

$$\angle ACB = \angle ABC \qquad \cdots\cdots ②$$

邊 BC 與邊 CB 為共用邊，故

$$BC = CB \qquad \cdots\cdots ③$$

由①、②、③可以知道兩角與夾邊相等，故

$$\triangle ABC \equiv \triangle ACB$$

全等三角形中，對應邊的邊長相等，故

$$AB = AC$$

所以 △ABC 為等腰三角形。

　　因此，若三角形的兩個角角度相等，則該三角形為等腰三角形。

（證明結束）

我：「完成了！」

野奈：「完成了⋯⋯完成了⋯。♡」

我：「野奈，覺得如何呢？有沒有覺得成功把野奈『心中』想的事，拿到『心之外』了呢？」

野奈：「嗯⋯⋯我覺得有點⋯。O」

我：「？」

野奈：「雀躍⋯。♡」

4.6　由梨的證明

由梨：「由梨也做出來囉！來看來看！」

我：「給我看給我看。」

野奈：「⋯。O」

解答 4-1b（由梨的證明）

設一三角形有兩個角的角度相等，那麼此三角形就是一個等腰三角形。

試證明這件事。

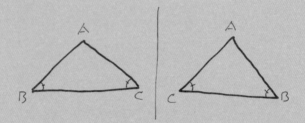

（證明）

　　設 △ABC 中 ∠B = ∠C。

　　在 △ABC 與 △ACB 中，以下條件成立。

$$\angle B = \angle C \qquad （由假設）$$

$$\angle C = \angle B \qquad （由假設）$$

$$BC = CB \qquad （共用邊）$$

因兩角與夾邊相等，故

$$\triangle ABC \equiv \triangle ACB$$

全等三角形中，對應邊的邊長相等，故

$$AB = AC$$

△ABC 為等腰三角形。

　　因此，若三角形的兩個角的角度相等，則該三角形為等腰三角形。

（證明結束）

我：「嗯，證明出來了耶！」

由梨：「比我想像中的還要難……」

我：「由梨陷入苦戰了嗎？」

由梨：「就是啊，一開始我想到可以『對摺』，但一直不大順利。所以就改用野奈說的『翻面』來證明看看。」

我：「原來如此，反覆試驗是吧。」

由梨：「啊，不過我沒有抄襲野奈喔！」

我：「我知道啊。」

野奈：「這樣寫可以嗎…? ？」

野奈指著由梨的證明。

$$\angle B = \angle C \qquad （由假設）$$
$$\angle C = \angle B \qquad （由假設）$$
$$BC = CB \qquad （共用邊）$$

我：「嗯，沒錯。$\angle ABC$ 可以寫成 $\angle B$，$\angle ACB$ 可以寫成 $\angle C$。這個證明中，用頂點來代表角並不會造成混淆，所以可以用這種寫法。」

由梨：「不會產生誤解囉～」

野奈：「原因也可以…? ？」

我：「不只寫出了式子，右邊也寫了（由假設）與（共用邊）
　　等說明。只用簡單幾個字，說明這條式子成立的原因。雖
　　然字很少，卻能清楚傳達原因。證明的寫法很多，只要
　　能清楚說明如何從假設推導到結論，用什麼方法都可以
　　喔。」

野奈：「好難…$_x$X」

我：「不不不，教科書或課堂上也會提到多種不同的證明方
　　式，參考那些資料的方式寫證明也可以喔，只要能清楚寫
　　出原因就好。所以，我們可以多閱讀用自己喜歡的格式寫
　　成的證明。」

由梨：「閱讀用自己喜歡的格式寫成的證明？」

我：「沒錯。讀別人的證明時，可以試著記住該證明的表現方
　　式，想著『當我想要表達這些事，可以用這種方式清楚表
　　達出來』，做為之後寫證明的參考。以由梨的證明來說，
　　這就是一種簡便的表現，就像這樣。」

- 設～
- 在 $\triangle ABC$ 與 $\triangle ACB$ 中
- 因～
- 故～

由梨：「是這個意思啊。」

野奈：「…$_o$O」

4.7　正三角形

我：「接著來談談正三角形吧。」

由梨：「好啊──」

我：「野奈知道正三角形的定義嗎？」

野奈：「邊長相等…$_?$？」

我：「沒錯，就是這樣。不過，做為定義，還是要說得完整一些比較好喔。譬如，

　　　　所謂的正三角形，
　　　　指的是三邊邊長皆相等的三角形。

試著說說看吧。」

野奈：「正三角形是……三邊邊長皆相等的三角形…$_{\circ}$O」

我：「很棒喔。如果只有說『邊長相等』，那麼讀者會產生許多疑問。」

由梨：「難道野奈是在說邊長皆相等的四邊形嗎喵？」

野奈：「是三角形喔…$_{\circ}$O」

我：「就是這樣。如果只有說『邊長相等』，就無法確定是在說三角形還是其他形狀。這個不清楚的地方會讓人很困擾吧。」

野奈：「是的…$_{\circ}$O」

我：「確實，正三角形的邊長皆相等。這點是對的。不過歸根究柢，正三角形也是『三角形』對吧？」

由梨：「正三角形也是三角形！」

我：「是啊。正三角形有很多種，不如我們就把有『三邊邊長皆相等』這個性質的三角形，叫做『正三角形』吧——就是這麼回事。」

由梨：「汝為三角形！」

由梨誇張地大聲宣告，野奈呵呵地笑了出來。

我：「假設有個人問妳『什麼樣的東西，妳會稱它為正三角形呢？』此時就要回答正三角形的定義了對吧。譬如『正三角形指的是三邊邊長皆相等的三角形』，就是很正確的答案了。當然，答案有很多種。」

野奈：「那個……這個我知道…$_0$O」

我：「嗯？」

野奈：「我知道正三角形是三角形……但沒辦法順利表現到『心之外』…$_0$O」

我：「這樣啊。野奈確實有在『心中』畫出正三角形——那就是三邊邊長皆相等的三角形對吧。」

野奈：「我覺得它是三角形是理所當然的事……我覺得…$_0$O」

我：「嗯，確實如此。我們平常討論時，就會這樣想。不過，
當有人問我們正三角形的定義，最好還是要把這個理所當
然的事再說一次喔。畢竟數學中的定義相當重要。」

野奈：「定義⋯⋯會成為原因，所以很重要⋯$_o$O」

我：「沒錯！就是這樣！寫證明時，會把定義當成原因。很厲
害喔！而且野奈也有意識到『我知道正三角形是三角形，
但沒表現到【心之外】』，我覺得這也很厲害。」

野奈：「⋯$_♡$♡」

4.8 正三角形為等腰三角形

由梨：「對了，正三角形也是等腰三角形吧！」

野奈：「⋯$_?$？」

我：「嗯，由梨說對了。

　　　　　正三角形是等腰三角形

　　妳知道這句話是什麼意思嗎？」

野奈：「正三角形⋯⋯是等腰三角形⋯$_?$？」

由梨：「不管是什麼樣的正三角形，都是等腰三角形啦！」

我：「野奈有打從心底認同『確實如此』嗎？」

野奈：「或許⋯⋯大概⋯$_o$O」

我：「由梨可以試著對野奈說明原因嗎？」

由梨：「又丟給我啊！正三角形是三邊邊長相等的三角形不是嗎？既然三邊邊長相等，那其中一定有兩個邊的邊長相等。所以正三角形也是等腰三角形！」

野奈：「懂了……我懂了…$_0$O」

我：「是啊。確認定義之後，可以得到這個結果。」

- 三邊邊長皆相等的三角形，是正三角形。
- 有兩邊邊長相等的三角形，是等腰三角形。

野奈：「是的…$_0$O」

我：「假設有個三角形可以被稱做正三角形。那麼由正三角形的定義可以知道，這個三角形的三邊邊長相等。既然三邊邊長相等，那麼其中一定有兩邊的邊長相等。雖然很理所當然啦。」

野奈：「是的…$_0$O」

我：「總之，由等腰三角形的定義可以知道，正三角形是一種等腰三角形。」

由梨：「等一下──！這樣講比較清楚吧？」

- 所有三邊邊長相等的三角形，都叫做正三角形。
- 至少有兩邊邊長相等的三角形，叫做等腰三角形。

我：「是啊。加上這些補充之後，可以減少很多誤會。」

野奈：「因為比較清楚…。O」

由梨：「是啊——」

4.9 三角形的包含關係

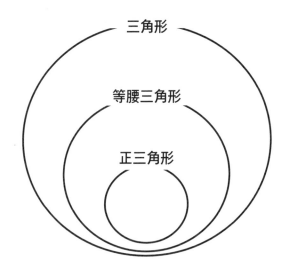

我：「這張圖顯示出了正三角形、等腰三角形、三角形之間的
關係。試著想像學校的運動場上，有三個這樣的大圓。然
後我們把各種三角形一一放入這些大圓內。

- 三角形放入『三角形』內。
- 等腰三角形放入『等腰三角形』內。
- 正三角形放入『正三角形』內。

於是我們可以得到以下的結果。」

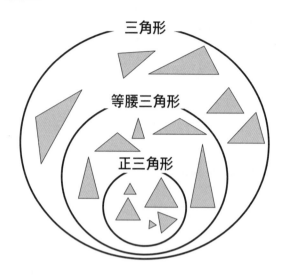

野奈：「…!」

由梨：「好有趣！」

我：「圖中的正三角形在『正三角形』內，不過也在『等腰三角形內』。」

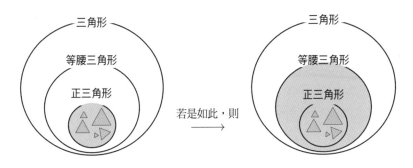

野奈：「是的…ₒO」

我：「我們用多個重疊的圓圈，表示正三角形、等腰三角形、三角形之間的關係。」

　　這種關係叫做包含關係。說完後我停頓了一下。比起按部就班地說明這個專有名詞，不如直接用這張圖玩玩新花樣，應該更容易讓她理解吧。

我：「這張圖中，正三角形在最內側的圓圈中。接著，不是正三角形的等腰三角形則在三角形圓圈的外面，在等腰三角形圓圈的裡面。那麼，這個灰色區域內的圖形是什麼呢？」

區域內是什麼圖形呢？

野奈：「不是等腰三角形的三角形⋯⋯是嗎⋯。O」

由梨：「正確答案！」

我：「是啊。野奈，答對囉！這個灰色區域內的圖形

- 位於等腰三角形圓圈的外側，所以不是等腰三角形。
- 但位於三角形圓圈的內側，所以是三角形。

因此，這個區域內為不是等腰三角形的三角形。」

區域內為不是等腰三角形的三角形

由梨：「也就是三邊邊長各不相同的三角形囉？」

我 ：「是啊。三邊中，任兩邊的長度都不相等的三角形，也就是所謂的不等邊三角形。」

野奈：「…₀O」

野奈像是深表認同般，頻頻點頭。

我想也是。只要花上足夠的時間，一一確認，野奈也能理解這些事。

一開始會覺得她反應不過來，但這通常是因為她顧慮到了其他的事。

即使野奈說出「完全不行」之類的話，那通常也只是代表她害怕把自己的想法拿到「心之外」、害怕出錯、害怕自己說出來的不是正確答案而已。

「在自己的『心中』形成概念」以及「將這個概念化為言語拿到『心之外』」，並不一樣。

是什麼讓她願意把自己的想法化為言語，拿到「心之外」呢？當然，是否具備相關知識、能否活用專業術語是很重要，

但在更深處，應該還有某種東西支撐著一切吧。

　　那或許是——

由梨：「……哥！哥哥！！喂，快醒來啊！」

　　由梨的聲音讓我回過神來。

4.10　正三角形的三個角彼此相等

由梨：「野奈說她想證明正三角形的性質！」

野奈：「我沒這麼說啦…｣！」

由梨：「哥哥說會出個超有趣的問題給妳！」

我：「我沒這麼說喔。嗯，不過這題應該可以吧。」

問題 4-2
正三角形中，三個角的角度都相等。
請證明這點。

由梨：「看吧，你還不是出了。那就來證明吧！」

我：「野奈要不要也試著證明看看呢？」

野奈：「不行……我不會…$_x$X」

我：「嘗試看看吧。」

野奈：「我一個人辦不到…$_xX$」

看來野奈又進入「辦不到」模式了。

我：「沒關係喔。妳看，剛才我問了野奈很多問題，野奈不是全都一個人回答了嗎？」

- 「○○的定義是什麼」
- 「為它命名吧」
- 「想證明什麼」
- 「要在什麼假設下進行證明」
- 「證明後想得到什麼結論」

我將「問題」一一寫在影印紙上，盡可能用溫柔的語氣，慢慢向野奈說明。

野奈：「…$_oO$」

我：「所以這次就輪到野奈問自己問題了……也就是自問自答囉。」

由梨：「自問自答。」

野奈：「自問自答…$_oO$」

我：「**自問自答**就是問自己問題，然後自己回答。我們每個人在思考的時候都會自問自答。野奈也試著問自己問題，自己回答吧。對了，也可以讓『野奈老師』問『野奈同學』問題喔。」

野奈：「是的…$_oO$」

我：「從現在開始——試著一人扮演『野奈老師』和『野奈同學』兩個角色——思考看看吧。如果真的不知道為什麼，也可以跟我說不知道喔。當然，可以參考之前寫的證明。」

野奈：「好……我試試看…。O」

4.11 野奈的證明

野奈看著我寫的「問題」，反覆閱讀前面寫過的證明，花了不少時間，終於完成了證明。

野奈：「完成了…。♡」

解答 4-2a（野奈的證明）

正三角形的三個角角度相等。

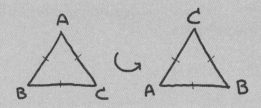

（證明）

設 △ABC 為正三角形

△ABC 與 △CAB 中，由假設可以知道

$$AB = CA、$$
$$BC = AB、$$
$$CA = BC$$

因三邊相等，故

$$△ABC \equiv △CAB$$

全等三角形的對應角角度相等，故

$$\angle A = \angle C、$$
$$\angle B = \angle A、$$
$$\angle C = \angle B$$

所以

$$\angle A = \angle B = \angle C$$

因此，正三角形的三個角角度相等。

（證明結束）

我：「寫得很棒啊！那麼野奈，麻煩妳說明一下囉。」

野奈：「說明…₂？」

我：「嗯。可以一個人寫出這些很厲害喔。告訴我們妳是怎麼
　　寫出這些內容的好嗎？」

野奈：「就是……看著寫…₀O」

我：「嗯嗯，參考剛才寫的證明寫出來的對吧。這完全沒問題
　　喔。能不能試著說說看在妳寫這個證明的時候，思考了哪
　　些事呢？」

野奈：「就……這樣…₀O」

由梨：「把想到的東西說出來就好了嘛，野奈。」

野奈：「就是這樣嘛…₀O」

　　似乎還是有些困難啊。

　　如果是由梨，只要拋給她話題，就會滔滔不絕說個沒完。

　　但野奈不一樣。雖然她能順利寫出證明，但要她說明時她
卻退縮了。不，或許不是退縮，可能是不曉得該如何說明。

我：「或者，可以告訴我們『野奈老師』和『野奈同學』之間
　　的對話嗎？」

　　在我的催促之下，野奈緩緩告訴了我們思考證明時兩人間
的對話。

野奈：「『是什麼問題呢？』」

◎ ◎ ◎

▶ 是什麼問題呢？

　　正三角形的證明…$_0$O

▶ 正三角形的定義是什麼呢？

　　三邊長皆相等的三角形……
　　的樣子…$_0$O

▶ 為它命名吧。

　　設為 △ABC…$_0$O

▶ 想證明什麼？

　　若 △ABC 是正三角形，
　　那麼 △ABC 的三個角角度皆相等…$_0$O

▶ 前提假設是什麼？

　　△ABC 是正三角形…$_0$O

▶ 結論是什麼？

　　△ABC 的
　　三個角角度皆相等…$_0$O

◎ ◎ ◎

在這之後，野奈沉默了一陣子。

我：「很棒啊，然後呢？」

野奈：「我轉動了 △ABC…。O」

野奈一邊說，一邊指著圖。

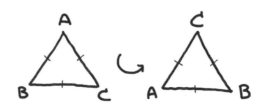

我：「原來如此。」

由梨：「原～來如此。」

我：「我完全可以理解野奈的思路。妳覺得要是 △ABC 與
　　　△CAB 全等就好了對吧。於是妳用到了 △ABC 以及旋轉
　　　後得到的 △CAB，希望它們能夠全等——」

野奈：「不是用翻面的…。O」

我：「嗯。解答 4-1a（p.142）中的思路是將等腰三角形翻面，
　　　不過這裡的解答 4-2a 則是旋轉正三角形。妳說得很清楚
　　　喔，謝謝。」

由梨：「叭叭叭——！！」

我：「那是什麼？」

由梨：「慶祝證明成功的喇叭聲。」

野奈：「太好了……證明出來了…。♡」

由梨：「哥哥，也看一下由梨的證明嘛。」

我：「哦，好啊！野奈也來看看吧。」

4.12　由梨的證明

由梨：「鏘鏘！」

解答 4-2b（由梨的證明）

正三角形的三個角角度相等。

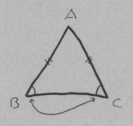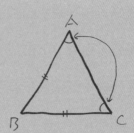

設 △ABC 為正三角形。

△ABC 中 AB = AC，故 ∠B = ∠C。

△ABC 中 BC = BA，故 ∠C = ∠A。

由此可知，∠A = ∠B = ∠C。

因此，正三角形中，三個角的角度皆相等。

（證明結束）

由梨：「──因此，正三角形中，三個角的角度皆相等。證明結束！『好，大功告成！』」

我：「嗯嗯，原來如此。那麼野奈，可以請妳說一下感想嗎？」

野奈：「…₂？」

我：「野奈認同由梨剛才的證明嗎？如果打從心底認同，不用評論也沒關係。不過，如果有哪裡覺得怪怪的，可以直接對由梨提問喔。有覺得哪裡怪怪的嗎？」

由梨：「來吧來吧。」

野奈：「原因的後面…?？」

由梨：「野奈，哪裡的後面？」

野奈：「AB＝AC 的後面…。O」

由梨：「因為等腰三角形的兩底角相等，所以 ∠B＝∠C 不是嗎？」

野奈：「啊啊…,！」

我：「剛才野奈想說的是，由梨的證明過程中，沒有把原因寫清楚是嗎？」

野奈：「沒關係……我懂了…。O」

我：「由梨的證明是對的，但如果要把原因寫清楚，就得補充一些文字囉。」

原本的寫法

△ABC 中 AB = AC，故 ∠B = ∠C。

△ABC 中 BC = BA，故 ∠C = ∠A。

補充文字範例①

△ABC 中 AB = AC，故

∠B = ∠C（等腰三角形的底角）。

△ABC 中 BC = BA，故

∠C = ∠A（　　　 〃 　　　）。

補充文字範例②

△ABC 為 AB = AC 的等腰三角形，

兩底角角度相等，故 ∠B = ∠C。

同理，BC = BA，故 ∠C = ∠A。

由梨：「寫同理比較輕鬆。」

野奈：「作文…？？」

我：「沒錯！寫證明就像寫作文一樣。將『為什麼當假設成立，結論也會成立』的原因，傳達給讀者的作文——就是所謂的證明。」

野奈：「由梨的……也對嗎…？？」

我：「嗯。野奈和由梨兩人的證明都是對的喔！野奈的證明中，是將 △ABC 旋轉後與 △CAB 重合，由此得到結論對吧。由梨的證明中，則是將正三角形視為等腰三角形，由

此得到結論。兩個方法都對。」

由梨:「因為正三角形為等腰三角形。叭叭叭──！！」

野奈:「全等呢…$_?$？」

我:「嗯？」

野奈:「由梨的證明……沒有用到全等…$_0$O」

我:「是啊。由梨的證明沒有用到三角形的全等。」

由梨:「不過證明等腰三角形的兩底角相等的時候,有用到全等就是了。」

我:「即使題目與三角形有關,也不表示一定得用到三角形的全等才能證明出來喔。只要清楚寫出『當假設成立,為什麼結論也會成立』的原因就可以了。」

野奈:「…$_0$O」

野奈開始思考。

我並不曉得她在思考些什麼。

不過,她的「心中」確實在思考著。

如果沒有給她充足的時間,她大概會直接放棄吧。

所以,無論如何都得等待。

戴著貝雷帽、掛著圓眼鏡、有一小撮挑染銀髮,身材嬌小的國中生──野奈。

在她思考的過程中,我們也靜靜等待著。

「該怎麼做，才能好好傳達出訊息呢？」

附錄：畢氏定理

畢氏定理

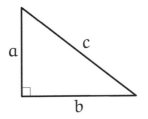

　　設直角三角形的三邊邊長分別為 a、b、c，並設 c 為**斜邊**（直角的對邊）邊長。此時，a、b、c 有以下關係。

$$a^2 + b^2 = c^2$$

這個關係叫做**畢氏定理**。

　　所謂的**定理**，指的是已證明為真的數學命題。

畢氏定理的逆定理

　　設三角形的三邊邊長為 a、b、c。若 a、b、c 符合以下關係：

$$a^2 + b^2 = c^2$$

　　則該三角形為直角三角形，且斜邊長為 c。這是**畢氏定理的逆定理**。

畢氏定理

設 △ABC 的三邊邊長為 a、b、c。

　　△ABC 為直角三角形（斜邊邊長為 c）

　　　↓若是如此，則

　　$a^2 + b^2 = c^2$

畢氏定理的逆定理

設 △ABC 的三邊邊長為 a、b、c。

　　$a^2 + b^2 = c^2$

　　　↓若是如此，則

　　△ABC 為直角三角形（斜邊邊長為 c）

第 4 章的問題

●問題 4-1（三角形的分類）

下方的①～⑦分別應填入下圖中的哪些位置？

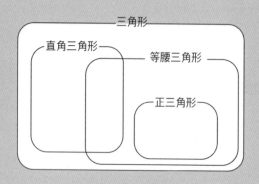

① 邊長為 2、3、4 的三角形

② 邊長為 2、2、1 的三角形

③ 邊長為 3、3、3 的三角形

④ 角度為 90°、30°、60° 的三角形

⑤ 角度為 90°、45°、45° 的三角形

⑥ 角度為 30°、120°、30° 的三角形

⑦ 角度為 60°、60°、60° 的三角形

注意：**直角三角形**指的是有一個角為直角（90°）的三角形。

（解答在 p.268）

●問題 4-2（找出證明的錯誤）

「若三角形的兩個角角度相等，則該三角形為等腰三角形」為正確敘述。不過以下「證明」有誤。請找出以下「證明」的錯誤。

（證明）

　　△ABC 中，設 ∠B = ∠C，邊 BC 的中點為 M。

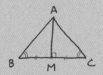

在 △ABM 與 △ACM 中，點 M 為邊 BC 的中點，故

$$BM = CM \qquad \cdots\cdots①$$

邊 AM 與底邊 BC 垂直，故

$$\angle AMB = \angle AMC \qquad \cdots\cdots②$$

由前提假設可以知道

$$\angle B = \angle C \qquad \cdots\cdots③$$

由①、②、③可知，兩角與夾邊相等，故

$$\triangle ABM \equiv \triangle ACM$$

全等三角形中，對應邊的邊長相等，故

$$AB = AC$$

因此，△ABC 為等腰三角形。

　　所以，若三角形的兩個角角度相等，則該三角形為等腰三角形。

（證明結束）

（解答在 p.275）

●問題 4-3（證明三角形為等腰三角形）

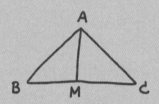

上圖的 △ABC 中，M 為邊 BC 的中點，並設

$$AM = 3 \cdot MC = 4 \cdot CA = 5$$

試證明此時 △ABC 為等腰三角形。可使用下方的「畢氏定理的逆定理」來證明。

....

畢氏定理的逆定理

設三角形的三邊邊長為 a、b、c。若 a、b、c 符合以下關係：

$$a^2 + b^2 = c^2$$

則邊長為 c 的邊，其對角為直角。

（解答在 p.278）

第 5 章

尋求原因的對話

「因為有人聽，話語才有意義」

我們證明了正三角形的三個角角度皆相等。

野奈直接用三角形的全等條件來證明（p.159），相對於此，由梨則用等腰三角形的兩底角相等來證明（p.164）。

但野奈還是覺得有些不對勁。

野奈：「我以為⋯⋯會用到全等⋯$_{\circ}O$」

我：「畢竟我們剛才提到的證明，都有用到三角形的全等嘛。」

野奈：「好難⋯$_{\circ}O$」

我：「『在關於三角形的證明中，一定會用到全等』——這個敘述不一定成立喔。解任何數學問題的時候都一樣。方法並不是只有一個，所以不一定要使用特定方法來解題。而是要仔細閱讀題目，理解題意，思考過後再寫下答案。」

野奈：「我以前都不知道⋯$_{\circ}O$」

我：「畢竟學校的課程中，解題時通常都是用『當天學到的方法』嘛。」

由梨：「沒錯沒錯！就算不去思考，也知道該怎麼解，所以我覺得很無聊啊——」

我：「因為那些題目就是為了讓妳練習當天學到的方法啊，這也沒辦法。如果覺得無聊，只要去想想用那個方法可以順利解題的原因，就不會無聊囉。試著去想想，為什麼這些方法可以解題吧。」

野奈：「解法……不是固定的嗎…？」

我：「是啊。不是每次都會用固定的解法。雖說如此，有些解法確實是比較常用啦。而且，也常會出現讓人覺得『反正一定是用剛才學到的方法來解題吧』的情況。不過，仔細閱讀、思考、理解之後再解題，才是一切的基礎。」

野奈：「…。O」

我：「練習問題的時候，就會自然而然的學習到相關知識。如果死背解題模式，認為『這種問題就要用這種解法』，反而有礙學習。如果看到從來沒見過的題型，就不知道該怎麼辦。」

我向野奈說明的同時也心想「但這事沒有那麼單純」。有時候我也會先記下整套方法，再慢慢理解其中的意義。即使如此，若背下整套方法就當作有學到，確實不是件好事。唉呀，總之就是沒那麼簡單。再說，解開他人出的題目，並不是數學的全部。

5.1 三角形的內角

由梨：「哥哥，出點其他的問題吧。野奈也覺得很無聊吧。」

野奈：「不無聊啊⋯。O」

我：「那，這個問題如何呢？」

問題 5-1（三角形的內角和）

試證明 △ABC 中，以下等式成立。

$$\angle A + \angle B + \angle C = 180°$$

由梨：「原來如此！這簡單啦。我看看──唉呀⋯⋯」

　　由梨正打算說出自己的想法時，突然閉起了嘴巴。

　　大概是顧慮到野奈，想要讓她自己思考吧。

　　另一方面，野奈悄悄握起右手，把拇指輕輕靠在下唇，反覆讀著題目。

我：「野奈，妳覺得如何呢？」

野奈：「我可以⋯⋯畫圖嗎⋯?？」

我：「當然，隨意畫吧。」

　　野奈拿起了餐桌上的紙，開始畫圖。

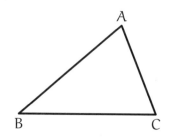

野奈：「我不知道⋯⋯假設是什麼⋯ₓX」

我：「嗯。這個問題 5-1 中，雖然有提到 △ABC，卻沒有提到任何角的角度或邊的邊長。也就是說，△ABC 可以是任何三角形。所以說，△ABC 並沒有任何特殊的前提假設喔。不過別忘了 A、B、C 這三點必須能形成一個三角形才行。」

由梨：「三點可以形成一個三角形不是理所當然的事嗎！——還是說並非如此？」

我：「並非如此喔。舉例來說，如果 A、B、C 位於同一點上，就無法形成三角形了。這樣也不會形成 ∠A、∠B、∠C。」

野奈：「結論是⋯⋯∠A + ∠B + ∠C = 180° 嗎⋯⋯ₒO」

野奈指著圖中的三個角說。
我終於知道到野奈的用意了。

我：「野奈很厲害耶！

『要在什麼假設下進行證明』

『證明後想得到什麼結論』

野奈正在依序問自己這些問題對吧！」

野奈：「正在自問……自答…。♡」

野奈兩手捧著雙頰，有些害羞的笑了，

我：「自己提問，再自己回答。沒錯，就是在自問自答！」

野奈：「可是……有點難…₀O」

由梨：「不是有學過三角形的內角和是 180° 嗎？」

野奈：「這個我知道…₀O」

我：「在證明之前，先實際操作看看三角形的內角和是不是
180° 吧。」

我畫了一個三角形，並裁剪下來，然後用手撕開三個角，
重新排列。

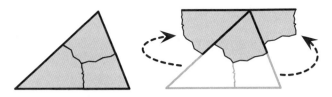

我：「像這樣把三個角重新排列後，可以得到一條直線。也就
是說，三個角確實可以拼成 180°，符合我們的猜測。」

野奈：「這樣……也可以嗎₀？」

野奈把三角形放在其他紙張上，然後排在一起。

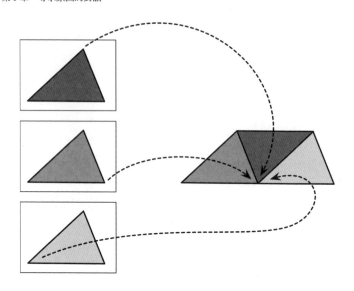

我：「可以喔。善用全等三角形的性質，就可以把角集中在一起了。」

由梨：「但這樣還不是證明吧？」

我：「嗯，沒錯。畢竟我們只有拿這個三角形來測試而已，而且也沒有嚴格推論出這個角度是不是 180°。所以這還不是證明，只是猜想。」

野奈：「集中在一起…$_oO$」

由梨：「吶吶！聽聽看由梨的證明吧！」

野奈：「由梨，告訴我吧…$_oO$」

我：「那就麻煩由梨老師囉！」

由梨：「好喔！」

5.2 由梨的證明

解答 5-1a（三角形的內角和為 $180°$）

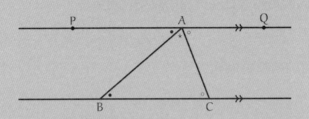

（證明）

作直線 PQ 平行於直線 BC 且過點 A。

平行線的內錯角相等，故

$$\angle B = \angle PAB、$$
$$\angle C = \angle QAC$$

可得到

$$\angle A + \angle B + \angle C = \angle BAC + \angle PAB + \angle QAC$$
$$= \angle PAQ$$
$$= 180°$$

因此

$$\angle A + \angle B + \angle C = 180°$$

（證明結束）

我：「由梨是用平行線的內錯角來證明對吧。」

由梨：「內錯角，就像拉鍊一樣！」

野奈：「…$_0$O」

我：「內錯角相等是平行線的重要性質喔。」

平行線的內錯角相等

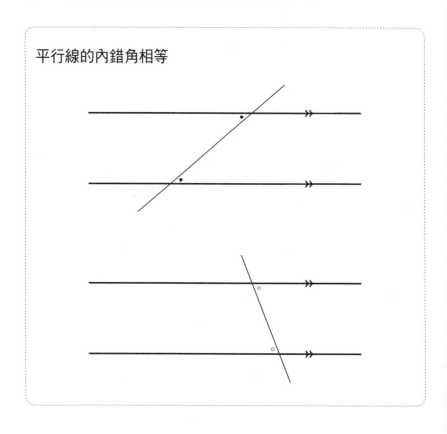

5.3 一項項確認

我：「野奈知道剛才的證明中，為什麼可以寫出這條式子嗎？」

$$\angle A + \angle B + \angle C = \angle BAC + \angle PAB + \angle QAC$$
$$= \angle PAQ$$
$$= 180°$$

野奈：「大概知道…。O」

我：「先像這樣標上①、②、③、④的編號。

$$\boxed{① \angle A + \angle B + \angle C} = \boxed{② \angle BAC + \angle PAB + \angle QAC}$$
$$= \boxed{③ \angle PAQ}$$
$$= \boxed{④ 180°}$$

所以這條式子想表達的是：

① = ②，且
② = ③，且
③ = ④。」

野奈：「是的…。O」

我：「所以說，讀這條式子的時候必須依序確認為什麼這些式子會成立。舉例來說，為什麼① = ②會成立呢？」

① = ②成立的原因

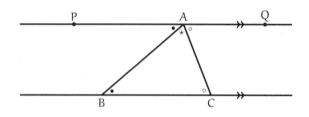

$$\boxed{① \ \angle A + \angle B + \angle C} = \boxed{② \ \angle BAC + \angle PAB + \angle QAC}$$

由梨：「$\angle A = \angle BAC$ 就只是單純換個方式來寫而已。」

野奈：「而且 $\angle B = \angle PAB$、$\angle C = \angle QAC\cdots{}_{o}O$」

由梨：「因為平行線的內錯角相等。」

我：「嗯，沒錯。① = ②之所以成立，可以說是因為平行線的內錯角相等。」

野奈：「確認原因$\cdots{}_{o}O$」

② = ③成立的原因

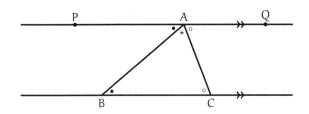

$$\boxed{②\ \angle BAC + \angle PAB + \angle QAC} = \boxed{③\ \angle PAQ}$$

我：「②＝③的原因，從圖中就可以看出來的吧。」

由梨：「因為 ∠PAQ 是三個角加起來嘛。」

我：「嗯，就是這樣。就是 ⋆ 與 • 與 ◦ 加起來的結果。」

$$\underbrace{\angle BAC}_{\star} + \underbrace{\angle PAB}_{\bullet} + \underbrace{\angle QAC}_{\circ}$$

野奈：「是的…。O」

我：「到這裡，我們回答了以下兩個問題。

為什麼①＝②呢？
為什麼②＝③呢？

那麼野奈，接下來要問哪個問題呢？」

③ = ④成立的原因

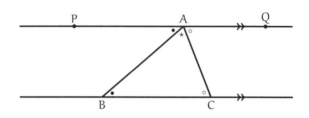

$$\boxed{③\ \angle PAQ} = \boxed{④\ 180°}$$

野奈：「為什麼……③ = ④…？？」

我：「沒錯！那麼野奈會如何回答這個問題呢？」

野奈：「那個，因為……是平的，所以是 180°…？？」

我：「原來如此，野奈是用『平的』來描述。這裡可以說

　　　因為 P、A、G 三點共線

　　或者也可以說

　　　∠PAQ 為平角。」

野奈：「共線…。O」

由梨：「我是知道直角，但不曉得學校有沒有教過平角耶。」

我：「直角角度為 90°，平角角度為 180° 喔。嗯，不過這次野奈沒有用『不知道』帶過，而是試著用『平的』描述。這點很厲害喔！試著把想到的東西化為言語表現出來，比什麼都不說好很多。」

野奈：「是的…。O」

由梨：「這樣啊，如果把每條式子的原因都寫出來應該比較好吧。」

$$\angle A + \angle B + \angle C = \angle BAC + \angle PAB + \angle QAC$$
$$= \angle PAQ$$
$$= 180°$$

因為平行線的內錯角相等
由圖得知
因為 $\angle$ PAQ 為平角

我：「嗯，雖然不一定要寫得那麼詳細，但如果清楚寫出原因，讀起來確實也比較輕鬆。」

野奈：「有沒有哪個……不能漏的…。O」

我：「哦，野奈問的是，有沒有哪個重點是不能漏寫的嗎？這個問題很棒喔！」

由梨：「果然還是平行線的內錯角吧？」

野奈：「啊…﹗！」

由梨：「咦？」

野奈：「我本來想回答的…。O」

由梨：「野奈，抱歉。」

我：「是啊。解答 5-1a 的證明中，關鍵是畫出直線 PQ 這條與直線 BC 平行的輔助線。」

由梨：「因為是用平行線內錯角相等來證明的嘛。」

野奈：「咦……沒證明吧…。O」

由梨：「嘎？有證明啦——」

野奈：「不對…ₒO」

由梨：「沒有不對啦——！」

野奈：「不是那個意思…⸜！」

我：「兩個人都先等一下。野奈如果覺得哪裡怪怪的，只要清楚說出問題來詢問由梨就可以囉。把自己想到的事清楚表達出來，由梨才能清楚回答。」

野奈：「直線 PQ 是什麼…⸝？」

由梨：「就是通過點 A，與直線 BC 平行的直線啊。啊，直線 BC 是點 B 與點 C 的連線喔。」

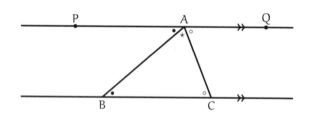

野奈：「好難…ₒO」

由梨：「很簡單啦。就是把邊 BC 往兩邊延伸的直線嘛！」

我：「野奈覺得畫出直線 BC 很難嗎？」

野奈搖了搖頭。看來不是這麼回事。

由梨：「咦？那是哪裡難？」

野奈：「就是……為什麼…$_?$？」

我：「……」

由梨：「……」

野奈：「由梨，為什麼……要畫平行線…$_?$？」

由梨：「就算妳這麼問──也沒為什麼啊。只是想到之前學證明的時候，都會畫平行線做為**輔助線**而已。」

5.4 輔助線

野奈：「好難…$_o$O」

由梨：「哪裡難了，我不知道啊──！」

野奈：「我覺得……我做不到…$_o$O」

野奈邊回答，邊把拇指靠在嘴唇上。

由梨：「做不到什麼呢？」

野奈：「輔助線…$_o$O」

由梨：「我還是不知道哪裡難啊──」

我聽著兩人的對話，思考野奈到底是困在什麼地方。

　　她可以理解平行線的內錯角相等，應該也理解由梨的證明才對。

　　畫不出輔助線——？

我：「啊，我大概知道了。」

由梨：「嗯嗯嗯？」

我：「野奈大概是看到由梨的證明後，覺得——

　　　　我想不到要畫這種輔助線

　　——是這樣沒錯吧？」

野奈：「是的…｜！」

由梨：「咦……」

我：「想到該怎麼畫輔助線時，通常就知道要怎麼證明出來了。不過，要在沒有任何提示之下畫出適當的輔助線，我覺得是一件很困難的事喔，就像野奈想的一樣。」

由梨：「哦——」

野奈：「…。O」

　　不過，野奈還真是厲害。她想像自己正在證明的樣子，試著思考眼前的難題，並不是看到不會的就說很難，看到會的就說簡單——不是這種單純的反應。而是在試著理解證明過程後，想到自己可能沒辦法寫出一樣的證明。因為自信不足，才能想到比較深的層次。

5.5 要記哪些事，又該如何記憶

由梨：「這樣一來，不就只能硬背輔助線的畫法了嗎？」

野奈：「硬背……硬背是嗎…ₒO」

野奈有些懷疑地問道。

我：「確實，把畫輔助線的方式背下來並沒有壞處。雖然一般會鼓勵自己思考，但也不可能只為了靠自己回答課堂上的問題，就花上好幾天、好幾個月、好幾年的時間。不過這也表示，如何記住關鍵相當重要。」

由梨：「聽不懂。」

我：「從剛才由梨的證明中可以看到

> 若要證明三角形的內角和為 180°，可對其中一個邊作平行線，通過該邊對面的頂點，做為輔助線──

記住這個步驟並不是壞事。不過，如果只是硬背就太沒效率了。」

野奈：「為什麼…₂？」

我：「若只是硬背，背下來的知識就只能用在證明三角形內角和為 180° 時的情況，沒辦法用來證明其他題目。簡單來說，就是難以應用囉。」

由梨：「老師也常說，某某規則難以應用，對吧？」

野奈：「對…。O」

聽到由梨的問題後，野奈馬上做出回應。

由梨：「既然如此，只要記住

有時候可以畫出平行線當做輔助線

就可以了吧？」

我：「這種想法在應用上會比較方便。即使碰到三角形內角和以外的問題，也可以問自己：

畫平行線當作輔助線會有用嗎？

這樣一來，還能再思考下一個步驟。譬如在讀由梨的證明時，可以問自己

畫出這條輔助線之後，為什麼有利於解題呢？

這也是一種自問自答。那麼，為什麼由梨畫出這條輔助線後，有利於解題呢？」

野奈：「有利於解題的原因…？？」

我：「沒錯。就是思考有利於解題的『原因』。」

野奈：「原因很重要…！！」

由梨：「為什麼有利於解題——因為相等？」

野奈：「…。O」

我：「是啊。因為平行線的內錯角相等，這樣確實有利於解

題。那麼，為什麼平行線的內錯角相等，會有利於我們解
題呢？」

野奈：「因為集中在一起…_?？」

我：「這個想法很有意思耶。可以再說一次嗎？」

野奈：「因為角……集中在這裡了…_oO」

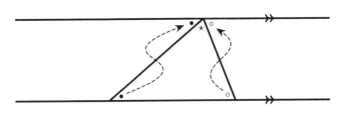

運用平行線內錯角相等的性質，可以把角集中在一起

由梨：「啊，真的耶！原本彼此分離的角聚集在一起了……所
以平行線有利於解題！」

野奈：「剛才這樣也……聚集在一起了…_oO」

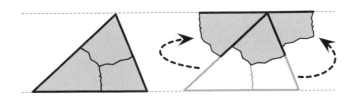

我：「野奈和由梨的說明很棒喔！依照這個思路繼續推導下
去，我們就可以得到

運用『平行線的內錯角相等』這個性質
可以把角集中在一起

　　就是這個！這是個很棒的武器！這就是『前進一步』的思考！

- 我們可用『平行線』證明『三角形的內角和為 180°』
  不過，不僅如此。
- 我們可畫出平行線做為輔助線
  不過，不僅如此。
- 我們可運用『平行線內錯角相等』的性質，把角聚集在一起。

這就是我們學到的推論模式！

平行線有『內錯角相等的性質』。瞭解到這件事後，就能明白畫出平行線做為輔助線的意義了。沒錯，原因果然相當重要，可以開拓我們的視野。剛才野奈問了『為什麼』，這個問題非常重要，讓我們的視野一口氣拓寬了許多。思考問題，或是閱讀別人的證明時，會一直問問題喔。人們總是在詢問

　　　為什麼？

既然都要用背的，就記得去問出原因吧。每次都要問

　　　為什麼？

以瞭解原因！」

由梨：「原來如此喵！」

野奈：「把角聚集在一起……才有利於解題…ｐ！」

我：「是啊，我們希望『如果是這樣就好了』。為了達成這個目的，我們採用了平行線的內錯角，所以才要畫平行線做為輔助線。這些方法都有利於解題！」

即使我說了一大堆，像是沉浸在自己的世界裡一樣，也沒有人說我「出局」。換個角度想，這些話只有當我沉浸在自己的世界中才說得出來。此時我們的心靈已經合而為一，盡情享受著數學的證明——以及思考數學這件事上。

野奈：「那個…ℹ！那個…ℹ！」

碰！

野奈突然大聲敲了一下桌子。

我：「嗚哇！」

由梨：「野奈，怎麼了嗎？」

野奈：「這裡也聚集起來了…ℹ？」

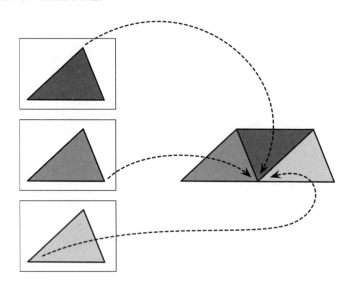

我：「野奈想說的是——」

野奈：「可以畫出平行線……當做輔助線嗎…？？」

由梨：「可以可以！這裡用平行線的同位角就行了！上課時也有教過！」

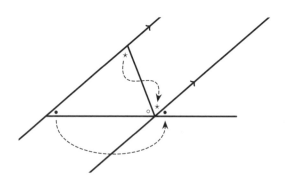

平行線的內錯角與同位角，可以把角聚集在一起。

平行線的同位角相等

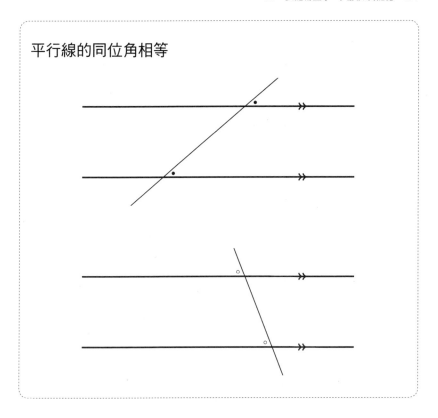

想把角聚集在一起——這是野奈的想法。

想利用平行線的同位角——這是由梨的想法。

我們把這些想法整合成了一個證明。

5.6　我們的證明

解答 5-1b（三角形內角和為 $180°$）

（證明）

　　如圖所示，在邊 BC 的延長線上取一點 P。

　　過點 C 作直線平行於直線 AB，並在該直線上取一點 Q。

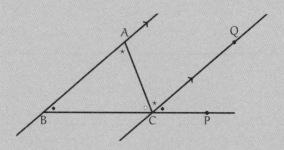

平行線的內錯角相等，故 $\angle A = \angle ACQ$。

平行線的同位角相等，故 $\angle B = \angle QCP$。

因此

$$\angle A + \angle B + \angle C = \underbrace{\angle ACQ}_{\star} + \underbrace{\angle QCP}_{\bullet} + \underbrace{\angle BCA}_{\circ}$$

$$= \angle BCP$$

$$= 180°$$

可以得到

$$\angle A + \angle B + \angle C = 180°$$

（證明結束）

5.7 三角形的外角

我：「由解答 5-1b 的證明可以知道，三角形的一個外角角
度，等於與該外角不相鄰之另外兩個內角的和喔。」

三角形的外角

三角形的一個外角角度，等於與該外角不相鄰之另外兩個
內角的和。

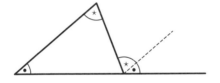

野奈：「角……聚集在一起了…♡♡」

5.8　記憶中的問題

我：「在閱讀或寫下有用到平行線的圖形證明題時，會讓我想
　　到小學時學過的『記憶中的問題』呢。」

由梨：「什麼什麼？」

我：「小學數學課的時候，幾乎所有問題都可以迅速解出答
　　案，但有些題目『怎麼想都不曉得該怎麼解』，我指的就
　　是這些問題。」。

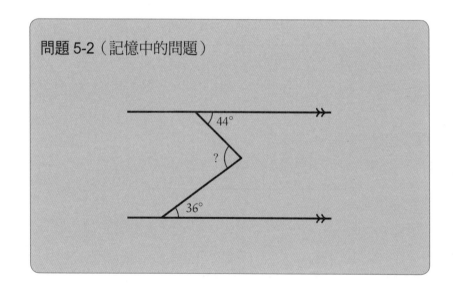

問題 5-2（記憶中的問題）

由梨：「咦？加起來不就好了嗎？把 44° 和 36° 加起來，答案
　　　是……80° 吧？」

我：「是啊。輔助線在這題中也很重要。野奈知道怎麼解
　　嗎？」

野奈再次將拇指靠在下唇上思考。

野奈：「輔助線這樣畫……應該可以吧…。O」

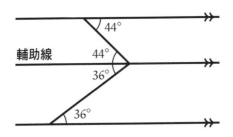

我：「這是平行的輔助線對吧，很不錯喔！」

野奈：「把角聚集在一起……就行了…。♡」

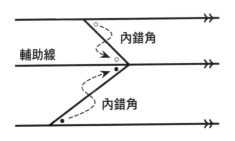

解答 5-2a（記憶中的問題）
畫出輔助線如圖。

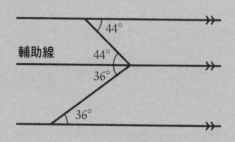

平行線的內錯角角度相等，故所求角的角度為

$$44° + 36° = 80°$$

<u>答 80°</u>

由梨：「這題哥哥做不出來嗎？真讓人意外！」

我：「嗯，那時我做不出來喔。當時我試著畫出各種輔助線、
作出各種三角形，都解不出來。」

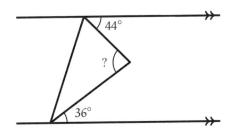

由梨：「嗯嗯。」

我：「即使畫出了這個圖，解題上也沒什麼進展，讓我相當焦急。但越是焦急，頭腦就越混亂。當時我的同學們似乎都順利解出來了。」

野奈：「⋯₀O」

我：「就和剛才的野奈一樣，當老師說要把輔助線畫在這個地方，我也大為震驚。而且，小學生的我也和剛才的野奈一樣，

　　　沒有想到可以把輔助線畫在那裡。

知道以後覺得理所當然，但在知道以前根本想不到。這讓我印象深刻。」

由梨：「⋯⋯」

我：「結果，班上只有我一個人沒有解出這題。然後──」

野奈抬起了頭。

我：「——我朋友偷看到我的筆記，知道我解不出這題後，還嘲笑我。」

由梨：「那什麼啊，太過分了吧！」

在談論「記憶中的問題」時，我似乎不小心想起了不愉快的記憶。

啊，確實如此。

確實發生過這樣的事。

我：「咦，野奈，怎麼了呢？」

野奈的眼睛紅成一片，流下一滴滴眼淚。

怎麼了呢？

由梨：「野奈、野奈？」

野奈從包包中拿出了手帕，擦了擦眼睛。

然後把圓眼鏡戴了回去，小小聲地說。

野奈：「會傷心嗎…$_?$？」

我：「咦……我嗎？」

野奈：「被別人說怎麼解不出這題的時候……會傷心嗎…$_?$？」

啊，確實如此。

當時我因為解不開問題而被嘲笑。

她想像了我當時的心情而流下淚來。

野奈正為了當時的我而流淚嗎？

我：「野奈……謝謝。抱歉害妳哭了。」

野奈：「沒關係…$_0$O」

5.9 另解

我：「這個嘛，與其說是傷心，不如說是不甘心吧。所以那天
課程結束後，我就有種

　　　一定要找出其他輔助線給你們看看

的想法。」

由梨：「後來有找到其他輔助線嗎？」

我：「嗯。作這個三角形，運用平行線的內錯角，就可以知道
右下的角的角度為 44°。再來只要計算 36° + 44°，就可以
得到外角角度了。」

解答 5-2b（記憶中的問題）
如圖所示，延長給定的線段，形成三角形。

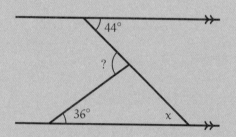

設延長之線段與下方直線的夾角為 x，由於平行線的內錯角角度相等，故 x = 44°。三角形的外角角度為與該外角不相鄰之另外兩個內角的和，故

$$所求 = 36° + x$$
$$= 36° + 44°$$
$$= 80°$$

<u>答 80°</u>

由梨：「原來如此！還有這種解法啊！」

我：「嗯，還有很多種解法喔。」

5.10　歐幾里得的《幾何原本》

　　我們沉浸在數學討論中，不知不覺已經過了很長一段時間。

媽媽：「今天就一起吃晚餐吧，我已經跟野奈的家人聯絡了。」

野奈：「謝謝…♡」

　　我們三人盡情享受了數學雜談的樂趣。

　　我們討論了三角形、全等、證明、等腰三角形、正三角形、命名、尋求原因的對話、思考時的自問自答等等。

　　還討論了哪些呢……

我：「我們聊了不少呢。」

野奈：「很開心…♡」

由梨：「今天講的都很有趣耶。」

野奈：「但還是有點難……吧…O」

我：「不少地方有些難度，但看懂之後也覺得蠻有趣的吧。」

野奈：「是的…！」

我：「在很久以前──西元前 300 年左右，歐幾里得寫了一本叫做《幾何原本》的書。後人對歐幾里得的生平所知不多，《幾何原本》這本書卻一直傳承到了現代，是許多數學家的研究對象。」

由梨:「我有聽過歐幾里得。」

我:「在他的《幾何原本》中,提到了直線、三角形、平行線等許多『**平面幾何學**』的圖形知識。」

野奈:「好久以前喔…$_0$O」

我:「《幾何原本》系統性地寫出了證明。書中敘述有條不紊,沒有任何模糊不清的地方,清楚說明了

> 要證明什麼?
> 這個證明需要什麼假設?
> 證明後會得到什麼結論?

而且

> 有畫出圖
> 有為各個項目命名

證明最後則會加上『證明結束』。」

野奈:「一樣…$_?$?」

我:「是啊。和我們作證明題時應注意的地方一樣。畢竟我們寫證明的方式幾乎是以歐幾里得的《幾何原本》為藍本。因為歐幾里得寫了《幾何原本》——讓人們知道如何把『心中』思考的事情表現至『心之外』——才能開創出我們所在的時代,並在未來持續發展。」

野奈:「歐幾里得……也在自問自答嗎…$_?$?」

我:「嗯,一定是這樣。他一定問了自己許多問題,再自己回

答這些問題。」

由梨：「這麼驚人的事，居——然在兩千多年前就發展出來了啊。」

我：「嗯，很厲害吧。更厲害的是，歐幾里得在《幾何原本》中寫下的證明，到了現代仍正確無誤，在未來也是正確的證明。即使是幾千年後、幾萬年後……不管時間過了多久，都堅若磐石。」

野奈：「不管時間……過了多久…╴?」

我：「嗯，沒錯。這就是數學。這就是證明。

　　　『數學超越了時間』

這就是數學的有趣之處！」

野奈：「數學……超越了時間…╷！」

數學，超越了時間。

——《數學女孩》

附錄：內錯角、同位角與平行線

內錯角

設有兩條直線，另有一條直線與這兩條直線相交。

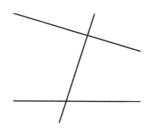

此時，位於以下兩處的角，稱做內錯角。

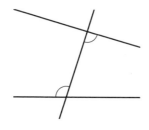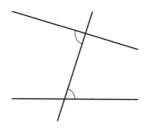

同位角

位於以下兩處的角，稱做同位角。

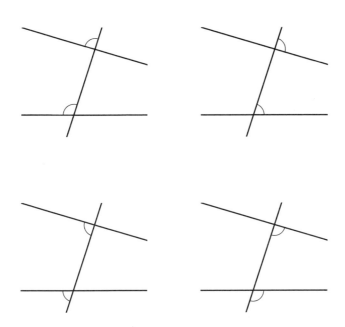

即使兩直線沒有平行，也存在「內錯角」與「同位角」。

內錯角與平行線

　　「兩直線是否平行」與「內錯角角度是否相等」之敘述有以下關係。

- 若兩直線平行,則內錯角角度相等。
- 若內錯角角度相等,則兩直線平行。

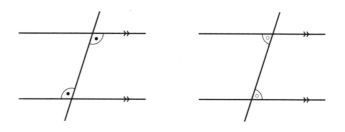

同位角與平行線

　　「兩直線是否平行」與「同位角角度是否相等」之敘述有以下關係。

- 若兩直線平行，則同位角角度相等。
- 若同位角角度相等，則兩直線平行。

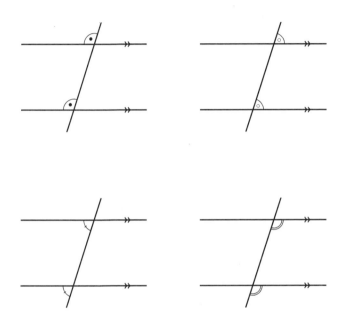

第 5 章的問題

●問題 5-1（內錯角）

如圖所示，一條直線與兩條直線相交。試回答①～④中，標有記號的角的內錯角是哪個角。

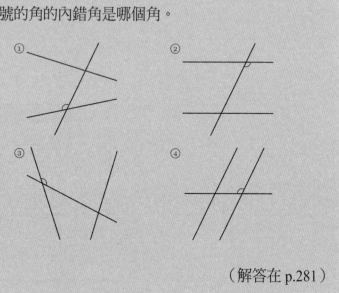

（解答在 p.281）

●問題 5-2（同位角）

如圖所示，一條直線與兩條直線相交。試回答①～④中，標有記號的角的同位角是哪個角。

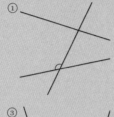

（解答在 p.283）

●問題 5-3（平行四邊形的對角）

兩雙對邊互相平行的四邊形，稱做平行四邊形。試證明平行四邊形 ABCD 中，∠B = ∠D。

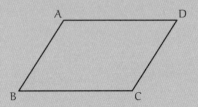

（解答在 p.285）

尾聲

某日某時，在數學資料室。

少女：「老師，這是什麼呢？」

老師：「妳覺得是什麼呢？」

少女：「梯形——但右上角的角似乎圓圓的。」

老師：「我本來想畫成三角形的。它是 △ABC 喔。」

少女：「如果是這樣，邊 AC 也太彎了……」

老師：「因緣際會下，讓我想畫畫看一個不存在的三角形。」

少女：「會讓您畫畫看一個不存在的三角形——那是什麼樣的
　　　因緣際會啊？」

老師：「我想證明『平行線的同位角相等』喔。」

少女：「這個三角形可以證明這件事嗎？」

老師：「可以喔。讓我們試著回答看看

　　　• 為什麼平行線的同位角相等？

　　　這個『問題』吧。」

為什麼平行線的同位角相等？

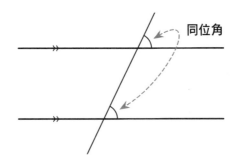

少女：「為什麼平行線的同位角相等……嗯。對頂角相等、平行線的內錯角相等。所以平行線的同位角也相等吧。」

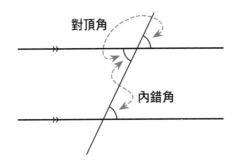

老師：「是啊。這時候又會產生兩個新的『問題』

- 為什麼對頂角相等？
- 為什麼平行線的內錯角相等？

試著回答這兩個問題吧。」

為什麼對頂角相等？

少女：「我可以馬上回答『對頂角相等』的原因！譬如下面這個圖，設對頂角的角度分別為 a 與 b。

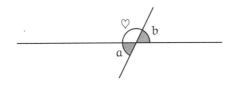

這麼一來，a 與 b 都會等於 180° 減去 ♡。

$$a = 180° - ♡$$
$$b = 180° - ♡$$

可以得到

$$a = b$$

所以對頂角相等。」

老師：「嗯。這樣『對頂角相等』的原因就很清楚了。」

少女：「再來只剩下『平行線的內錯角相等』的原因囉。」

為什麼平行線的內錯角相等？

老師：「畫圖可以幫助我們思考『平行線的內錯角相等』的原因。為了清楚說明，讓我們一一命名這些圖形吧。設直線 m 與直線 n 平行，而另一條直線 s 與這兩條直線相交。設直線 s 與直線 m 的交點為 A，內錯角的角度分別為 a 與 b。此時我們知道 m // n，但還不知道 a = b。」

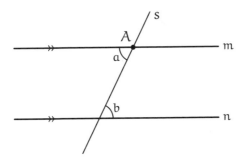

已知m // n，但還不確定a = b是否成立

少女：「我們希望能證明『若 m // n，則 a = b』對吧？但這實
　　　在太理所當然了，反而很難證明……」

老師：「讓我們換個角度來想吧。先作一條不同於直線 m 的
　　　直線 m'。」

少女：「？」

老師：「過點 A，作一條內錯角相等的直線 m'。當然，這時候
　　　我們並不曉得直線 m' 與直線 n 是否平行。也就是說，已
　　　知 a' = b，但不確定 m' // n 是否成立。」

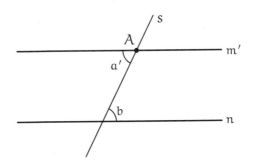

已知a' = b，還不確定m' // n是否成立

少女：「請等一下。直線 m′ 通過點 A，且內錯角相等對吧。這樣一來，直線 m 與直線 m′ 應該會是同一條直線不是嗎？」

老師：「是啊。我們希望直線 m 與直線 m′ 是同一條直線，這麼一來，我們就能說『平行線的內錯角相等』了。」

少女：「直線 m 與直線 n 平行，而直線 m′ 的內錯角相等。如果 m 與 m′ 是同一條線，那麼平行線的內錯角就相等。」

老師：「就是這個意思。這時候我們就可以說『內錯角相等時，兩直線平行』不是嗎？」

少女：「但這不就是循環論證嗎？因為我們現在就是在思考『平行線的內錯角相等』的原因啊？」

老師：「不不不，這不是循環論證喔。因為『平行線的內錯角相等』與『內錯角相等時，兩直線平行』互為逆命題。」

少女：「啊……確實如此。」

老師：「如果『內錯角相等時，兩直線平行』，那麼我們也可以說『平行線的內錯角相等』。這點很有趣喔。」

- 直線 m 與直線 n 平行。
- 如果「內錯角相等時，兩直線平行」，那麼直線 m′ 與直線 n 平行。
- 直線 m 與直線 m′ 皆通過點 A，且兩者皆與直線 n 平行，故直線 m 與直線 m′ 為同一直線（♠）。

- 所以，我們可以說「平行線的內錯角相等」
- 既然——

少女：「既然我們可以說『平行線的內錯角相等』——且已知『對頂角相等』——那麼我們就可以說『平行線的同位角相等』對吧！」

老師：「沒錯！所以，我們會想確認『<u>內錯角相等時，兩直線平行</u>』這點是否成立。我們希望能證明它成立，且想知道它成立的原因。換言之，我們想試著回答

- 為什麼內錯角相等時，兩直線平行？

這個『問題』。」

為什麼內錯角相等時，兩直線平行？

少女：「我來畫圖吧。假設有直線 m' 與直線 n，且直線 s 與這兩條直線相交，而內錯角 a' 與 b 相等。此時，直線 m' 應與直線 n 平行……」

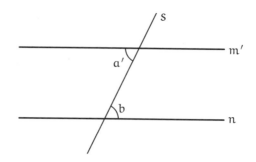

老師：「為什麼會平行呢？」

少女：「……這實在太理所當然了，有點難證明耶。」

老師：「思考證明題時，首先要確定的是什麼呢？」

少女：「假設與結論？」

老師：「沒錯！」

$$\underbrace{a' = b}_{假設} \xrightarrow{\substack{若是如 \\ 此，則}} \cdots \xrightarrow{\substack{若是如 \\ 此，則}} \underbrace{m' \,/\!/\, n}_{結論}$$

少女：「……要哪個條件成立，才能推論出 $m' \,/\!/\, n$ 呢？」

$$? \xrightarrow{\substack{若是如 \\ 此，則}} m' \,/\!/\, n$$

老師：「回到定義。」

少女：「平行的定義是……沒有交點。」

平行

若平面上的兩條直線沒有交點，則這兩條線平行。

老師：「所以說，只要直線 m′ 與直線 n 沒有交點，我們就可
　　　以說 m′ // n。」

直線 m′ 與直線 n 沒有交點 $\xrightarrow{\text{若是如}\atop\text{此，則}}$ m′ // n

少女：「但是老師，這樣還是完全沒有進展啊。該怎麼做，才
　　　能推論出直線 m′ 與直線 n 沒有交點呢……因為內錯角相
　　　等，所以它們應該不會有交點才對。但我們必須證明它們
　　　沒有交點才行。」

老師：「直線 m′ 與直線 n 只有兩種可能，『有交點』或『沒
　　　有交點』對吧。如果假設『有交點』，會發生什麼事
　　　呢？」

少女：「假設不可能發生的事會發生有什麼用呢……啊，是要
　　　用反證法嗎？」

老師：「沒錯！就是反證法[*1]」

少女：「先假設『有交點』，然後再證明有矛盾就可以了對吧。這樣就可以說明『有交點』是不對的，同時證明『沒有交點』是對的！」

老師：「假設直線 m′ 與直線 n『有交點』，就可以畫出這樣的△ABC。」

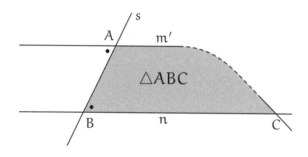

假設內錯角相等的兩直線m′、n相交於點C

少女：「啊啊，所以才會畫出有一條邊彎曲的三角形啊！」

老師：「是啊。這個圖中，交點 C 就在不遠處，所以邊 AC 得彎很大的角度才行。不過，如果交點 C 在右方遠處幾百公里遠，邊 AC 看起來就很像直線。」

少女：「就算看起來很像直線，嚴格來說也不是直線喔。」

老師：「嗯。即使看起來很像直線，也不一定就是直線。所以我們必須用邏輯證明題目的描述，而非用圖證明。」

---

*1 關於反證法的詳情，可參考《數學女孩：費馬最後定理》[2]。

少女：「用——邏輯。」

老師：「整理一下剛才提到的內容吧。」

- 設有直線 m′ 與直線 n，以及與兩直線相交的直線 s，內錯角相等。
- 設直線 m′ 與直線 s 的交點為 A。
- 設直線 n 與直線 s 的交點為 B。
- 設兩直線 m′、n「有交點」。（♣）
- 設直線 m′ 與直線 n 的交點為 C，可作 △ABC。

少女：「是的。這個 △ABC 會產生矛盾嗎……？」

老師：「然後，在直線 m′ 上取一點 D。其中，點 D 與點 C 分別在直線 s 的兩側，並使

BC = AD。」

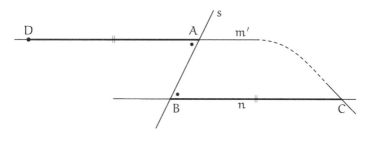

在直線m′上取一點D

少女：「……」

老師：「接著，<u>連接點 D 與點 B</u>。考慮 △ABC 與 △BAD。」

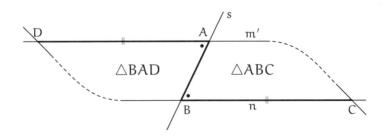

$$\triangle ABC \equiv \triangle BAD$$

少女：「△ABC 與 △BAD 是嗎。A、B、C 與 B、A、D……
　　　老師！它們全等！」

老師：「是啊。因為兩邊與夾角相等，所以 △ABC ≡
　　　△BAD。」

少女：「△ABC ≡ △BAD 可以推論出什麼呢……因為對
　　　應角相等，所以可以說 ∠CAB = ∠DBA 是吧。這樣一
　　　來——」

老師：「……」

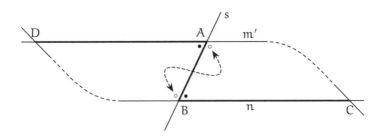

$$\angle CAB = \angle DBA$$

少女：「如果 $\angle CAB = \angle DBA$，可以推論出……可以推論出什麼呢？」

老師：「妳看，點 D、點 A、點 C 都在直線 m' 上對吧？」

少女：「D、A、C——對，真的都在直線 m' 上。」

老師：「所以說，$\angle CAD = 180°$。這麼一來，角 DBC 的角度也是 $180°$。」

少女：「是的。兩個角都是 • 與 。 的和，所以 $\angle CAD = \angle DBC$。」

老師：「這表示，點 D、點 B、點 C 在同一條直線上。或者說，<u>點 D 在直線 n 上</u>。」

少女：「老師，點 D 一開始就在直線 n 上了吧。」

老師：「不對喔。

- 在直線 m' 上取一點 D（p.227）
- 連接點 D 與點 B（p.228）

也就是說，點 D 一開始與直線 n 無關。不過，現在我們知道點 D 在直線 n 上了。」

少女：「原來如此！如果點 D 在直線 n 上……啊，這樣會很怪耶！」

老師：「哪裡怪呢？」

少女：「直線 m' 與直線 n 交於 C 與 D 兩點！」

老師：「是啊。相交的兩條直線應該只有一個交點才對，這兩條直線卻交於兩點，有矛盾。」

少女：「假設內錯角相等的兩直線 m'、n『有交點』（p.227 的
♣）。那麼由反證法可以知道，兩直線 m'、n 應『沒有交
點』才對。也就是說，我們證明了『內錯角相等的兩直線
平行』！」

老師：「嗯，這麼一來——」

少女：「這麼一來，就成功證明了『平行線的同位角相
等』！」

「內錯角相等時，兩直線平行》」

↓

「平行線的內錯角相等」　　「對頂角相等」

↓

「平行線的同位角相等」

老師：「嗯，這樣就證明結束了，那麼這個『問題』又如何
呢？」

直線 m 與直線 m' 為同一條直線嗎？

少女：「直線 m 與直線 n 平行，直線 m' 與直線 n 的內錯角相
等。若內錯角相等，則兩直線平行，所以直線 m 與直線

m′ 應該是同一條直線吧？顯然如此。」

老師：「不過——

　　　直線 m 與直線 m′ 皆通過點 A，
　　　且兩者皆與直線 n 平行，
　　　故直線 m 與直線 m′ 為同一直線（p.222 的 ♠）

　　——這個敘述並非理所當然喔。若希望它們是同一直線，
　　前提是通過點 A，且與直線 n 平行的直線只有一條。」

少女：「呃……可是，確實只有一條沒錯吧。」

老師：「這點得由下面這個平行線公理來決定。」

「平行線公理」[*2]
考慮一平面上的直線 n，以及不在直線 n 上的點 A。此時，
平面上通過點 A，且與直線 n 平行的直線只有一條。

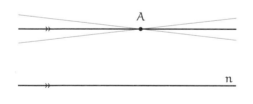

---

*2「平行線公理」有許多等價的描述方式。這裡提到的描述方式也稱做普萊費爾公理，並非歐幾
　里得《幾何原本》中原本的描述方式。

少女：「通過點 A 的直線中，只有一條直線與直線 n 平行。」

老師：「必定存在，且僅有一條。如果這個『平行線公理』成立，就可以證明『平行線的同位角相等』這個命題了。」

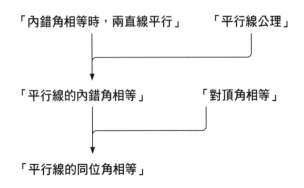

少女：「如果成立……但是『平行線公理』本來就會成立了吧。理所當然成立不是嗎？」

我：「嗯，如果是我們平常想像中的平行線，或許會覺得這個性質理所當然吧。但如果有人問『為什麼通過直線外一點，且與該直線平行的直線只有一條？』我們就不能回答『這很理所當然』，而是要回答『【平行線公理】的成立，決定了這件事』。」

少女：「可是我覺得……通過直線外一點的平行線只有一條，這件事應該不是由人類定下的規則決定的吧？」

老師：「不對喔。確實是由人類『決定』的。」

少女：「是這樣嗎？」

老師：「如果一直問『為什麼？』就得一直追溯更根本的原因。如果沒有停在特定地方，討論就會永無止境的持續下去，所以數學須要定下**公理**。追溯原因的過程中，如果追溯到公理，就可以到此為止，不用再繼續探究原因了。或者也可以說，公理是證明的出發點。而『平行線公理』就是一個公理。」

少女：「由人類決定公理──這點我很難認同。舉例來說，不可能發生『通過直線外一點的平行線並非一條』的情況吧？」

老師：「『通過直線外一點的平行線並非一條』的情況可能會發生喔。這時候用到的幾何學，就不同於我們熟知的歐幾里得幾何學。」

少女：「有其他的幾何學嗎？」

老師：「這個話題也相當有趣喔*3。在追求根本原因的旅途中，會發現新的數學。」

少女：「發現新的數學……」

老師：「是啊，發現新的數學。追究原因時，我們會一直問『為什麼？』之類的『問題』，思考這些問題是相當重要的過程，所以我們不能停止問『為什麼』。數學領域中，

---

*3 從「平行線公理」延伸到非歐幾里得幾何學的相關討論，可參考《數學女孩：龐加萊猜想》[3]。

為尋求原因提出『問題』，可以說是不可或缺的過程。而回答這些『問題』的時候，就會產生新的數學。我們可以在持續追問『為什麼？』等『問題』的過程中思考，將『心中』想到的概念化為言語，拿到『心之外』。這樣我們才能把心中所想的事物傳達給他人。」

少女：「老師在說到自己重視的事物時，會變得很熱血呢。」

老師：「唉呀，又發作了……這個習慣真是改不過來啊。」

少女：「熱情地述說自己重視的事物，把它們拿到『心之外』。我覺得這麼棒的習慣不用特地去改喔，老師。」

少女說完後，呵呵地笑了。

幾何學——就和數學一樣——為了不產生矛盾，
須先列出極少量、極簡單的基本命題。
這些基本命題稱做**公理**。
如何設定幾何學的公理，如何研究它們的相互關係，
是歐幾里得以來眾多經典的數學文獻中，
常被討論的問題。
這是為了以邏輯的方式，分析我們對空間的直覺。
——希爾伯特（Hilbert）[13]

【解答】

A N S W E R S

第 1 章的解答

●問題 1-1（選出全等三角形）

請從ㄅ～ㄊ中選出所有與三角形 ABC 全等的三角形。

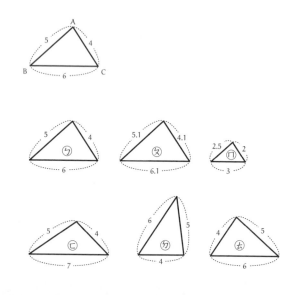

■解答 1-1

　　選出在移動、旋轉、翻轉後，能與三角形 ABC 剛好重合的三角形，但不能切開、拉長、擠壓。

ㄅ可與三角形 ABC 剛好重合。

ㄆ的三邊皆與三角形 ABC 有些微差異，譬如長度為 4.1 的邊，對應到的是三角形 ABC 中長度為 4 的邊。所以ㄆ無法與三角形剛好重合。

ㄇ的三邊皆與三角形 ABC 有一定差異，譬如長度為 2 的邊，對應到的是三角形 ABC 中長度為 4 的邊。所以ㄇ無法與三角形剛好重合。

ㄈ中長度為 7 的邊，對應到的是三角形 ABC 中長度為 6 的邊。所以ㄈ無法與三幾行剛好重合。

ㄉ在旋轉後，可與三角形 ABC 剛好重合。

ㄊ在翻轉後，可與三角形 ABC 剛好重合。

答ㄅ、ㄉ、ㄊ

補充

ㄆ小題中，我們用長度為 4.1 的邊來判斷是否全等，不過用長度為 5.1、6.1 的邊來判斷也可以。因為三角形 ABC 中沒有長度為 5.1、6.1 的邊。

同樣的，ㄇ小題中，我們用長度為 2 的邊來判斷是否全等，不過用長度為 2.5、3 的邊來判斷也可以。因為三角形 ABC 中沒有長度為 2.5、3 的邊。

不過，ㄈ小題中，必須用長度為 7 的邊來判斷。因為三角形 ABC 中有長度為 4 與 5 的邊。

●問題 1-2（全等的性質）

假設有三個三角形ㄅ、ㄆ、ㄇ，ㄅ與ㄆ全等，ㄆ與ㄇ全等。此時，三角形ㄅ與ㄇ全等嗎？

■解答 1-2

全等。

因為ㄅ與ㄆ全等，故這兩個三角形可剛好重合。

因為ㄆ與ㄇ全等，故這兩個三角形可剛好重合。

ㄅ與ㄆ可剛好重合，且ㄆ與ㄇ可剛好重合，故ㄅ與ㄇ可剛好重合。

因此，三角形ㄅ與ㄇ全等。

●**問題 1-3**（全等三角形可以說明什麼）

假設有兩個全等三角形 DEF 與 GHI。若將以下三組頂點疊在一起

D 與 G、E 與 H、F 與 I

這兩個三角形可剛好重合。而且，若改將以下三組頂點疊在一起

D 與 H、E 與 I、F 與 G

這兩個三角形也會剛好重合。那麼，三角形 DEF 會是什麼三角形呢？

■**解答 1-3**

首先，畫出△ DEF 與△ GHI。這是為了方便我們理解頂點間的對應關係，故可徒手畫出。

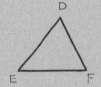
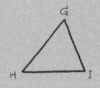

　　D與G、E與H、F與I三組頂點可同時疊在一起。故可得知：

　　①邊 DE 與邊 GH 長度相等

　　②邊 EF 與邊 HI 長度相等

　　③邊 FD 與邊 IG 長度相等

　　另外，D與H、E與I、F與G三組頂點可同時疊在一起。故可得知：

　　④邊 DE 與邊 HI 長度相等（ —+— ）

　　⑤邊 EF 與邊 IG 長度相等（ —+— ）

　　⑥邊 FD 與邊 GH 長度相等（ —○— ）

　　由①與⑥，可以知道邊 DE 與邊 FD 的長度相等。由③與⑤，可以知道邊 FD 與邊 EF 長度相等。

　　這表示，邊 DE、邊 FD、邊 EF 的長度皆相等，三角形 DEF 為三邊邊長皆相等的三角形，也就是正三角形。

答 正三角形

補充

　　問題 1-3 中，因為三角形 DEF 為「將頂點旋轉至相鄰頂點後，與自身剛好重合的三角形」，故可猜到是正三角形。我們在解答 1-3 中確認了這個猜想是正確的。

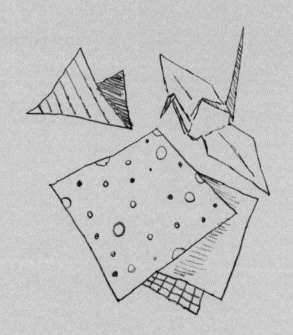

第 2 章的解答

●問題 2-1（全等三角形的性質）

設 △ABC 與 △DEF 全等，且點 A、B、C 分別對應到點 D、E、F。試回答此時的①～⑧「成立」或「不成立」。

① AB = DE

② BC = FD

③ AC = CA

④ ∠ACB = ∠DFE

⑤ ∠BAC = ∠FDE

⑥ ∠ABC = ∠DFE

⑦ △ABC 與 △DEF 的面積相等。

⑧當 △ABC 為正三角形，△DEF 也是正三角形。

■解答 2-1

試著畫出圖吧。這裡畫的圖是為了方便我們理解對應關係，故可徒手畫出。將對應的邊與角標上相同符號，會比較簡單明瞭。

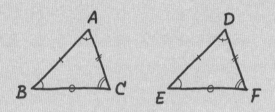

① AB = DE

成立。邊 AB 與邊 DE 為全等三角形的對應邊，故長度相等。

② BC = FD

不一定成立。邊 BC 與邊 FD 並非全等三角形的對應邊，故長度不一定相等。

③ AC = CA

成立。邊 AC 與邊 CA 為同一條邊，故長度相等。

④ ∠ACB = ∠DFE

<u>成立</u>。角 ACB 與角 DFE 為全等三角形的對應角，故角度相等。

⑤ ∠BAC = ∠FDE

<u>成立</u>。角 BAC 與角 FDE 為全等三角形的對應角，故角度相等。B、A、C 與 F、D、E 在頂點對應上並不相等，但是指同一個對應角。

⑥ ∠ABC = ∠DFE

<u>不一定成立</u>。角 ABC 與角 DFE 並非全等三角形的對應角，故角度不一定相等。

⑦ △ABC 與 △DEF 的面積相等。

<u>成立</u>。全等三角形可剛好重合，故面積相等。

⑧當 △ABC 為正三角形，△DEF 也是正三角形。

<u>成立</u>。△ABC 為正三角形時，△ABC 的三邊邊長皆相等。△ABC 與 △DEF 全等，而全等三角形的對應邊邊長各自相等，故 △DEF 的三邊邊長也彼此相等。因此，△DEF 為正三角形。

補充

⑧中，關於 △DEF 的說明，可以用以下的式子說明，這樣會更清楚。

△ABC 為正三角形時，△ABC 的三邊邊長皆相等。即

$$AB = BC = CA \qquad \cdots\cdots ㄅ$$

△ABC 與 △DEF 全等，而全等三角形的對應邊邊長各自相等，故

$$\begin{cases} AB = DE \\ BC = EF \qquad \cdots\cdots ㄆ \\ CA = FD \end{cases}$$

由ㄅ可以知道，ㄆ等號左邊的邊皆等長，故ㄆ等號右邊的邊也都等長。因此

$$DE = EF = FD$$

△DEF 的三邊邊長也彼此相等。因此，△DEF 為正三角形。

●問題 2-2（三角形的全等條件）

試回答以下①～⑥的情況下，△ABC 與 △DEF「全等」嗎？還是「不一定全等」呢？如果「全等」，請回答是依哪個三角形的全等條件來判斷的。

① AB = DE、 BC = EF、 AC = DF
② AB = DE、 BC = EF、 CA = ED
③ AB = DE、 BC = EF、 ∠ABC = ∠EFD
④ AB = DE、 BC = EF、 ∠ABC = ∠DEF
⑤ ∠ABC = ∠DEF、 ∠BCA = ∠EFD、 ∠CAB = ∠FDE
⑥ AB = DE、 ∠CAB = ∠FDE、 ∠ABC = ∠DEF

. . . .

三角形的全等條件

▶ **三邊相等**

三組邊的邊長兩兩相等。

▶ **兩邊與夾角相等**

兩組邊的邊長兩兩相等，
且兩邊夾角的角度也相等。

▶ **兩角與夾邊相等**

兩組角的角度兩兩相等，
且兩角夾邊的邊長也相等。

■解答 2-2

試著畫出圖吧。這裡畫的圖是為了方便我們理解對應關係，故可徒手畫出。將對應的邊與角標上相同符號，會比較簡單明瞭。

① 依 AB = DE、 BC = EF、 AC = DF 的條件，可畫出以下圖形。

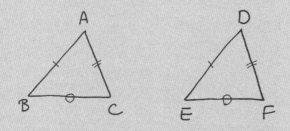

因 △ABC 與 △DEF 的三邊相等，故兩三角形全等。

② 依 AB＝DE、 BC＝EF、 CA＝ED 的條件，可畫出以下圖形。

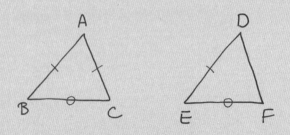

　　邊 DE 與邊 ED 為相同的邊，故由②給定的條件 AB＝DE、CA＝ED 可以得到 AB＝CA。也就是說，△ABC 必為等腰三角形。相對於此，△DEF 中，即使三邊長度各不相同，也可滿足②的條件。舉例來說，下圖中的 △ABC 與 △DEF 滿足②的條件，這兩個三角形卻不能剛好重合。

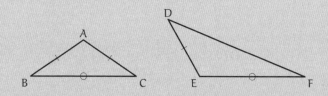

　　因此，△ABC 與 △DEF <u>不一定全等</u>。

③ 依 AB = DE、 BC = EF、 ∠ABC = ∠EFD 的條件，可畫出以下圖形。

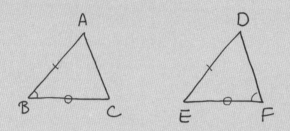

　　角 ABC 為邊 AB 與邊 BC 之夾角，角 EFD 並非邊 DE 與邊 EF 之夾角，故③並不符合兩邊與夾角相等的條件。

　　舉例來說，思考一下如下圖的 △ABC 與 △DEF。

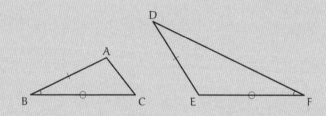

　　這兩個三角形滿足③的條件，卻不能剛好重合。因此，即使滿足③的條件，△ABC 與 △DEF 也不一定全等。

④ 依 AB = DE、 BC = EF、 ∠ABC = ∠DEF 的條件，可畫出以下圖形。

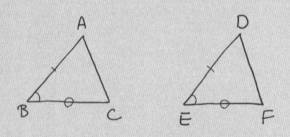

　　因 △ABC 與 △DEF 的<u>兩邊與夾角相等</u>，故兩三角形全等。

⑤ 依 ∠ABC = ∠DEF、 ∠BCA = ∠EFD、 ∠CAB = ∠FDE 的條件，可畫出以下圖形。

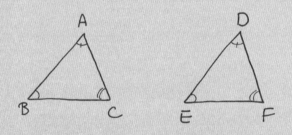

　　即使三組角的角度皆分別相等，邊的長度仍可任意改變。舉例來說，以下的 △ABC 與 △DEF 滿足⑤的條件，卻不能剛好重合。

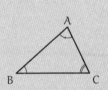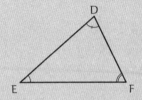

　　因此 △ABC 與 △DEF 不一定全等。

　　另外，△ABC 與 △DEF 的三組角角度分別相等，故兩三角形相似。

⑥ 依 AB = DE、 ∠CAB = ∠FDE、 ∠ABC = ∠DEF 的條件，可畫出以下圖形。

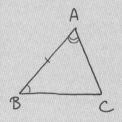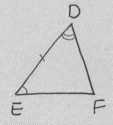

　　因 △ABC 與 △DEF 的兩角與夾邊相等，故兩三角形全等。

●問題 2-3（全等的原因）

設 △ABC 與 △DEF 中

$$\begin{cases} AB = DE \\ \angle ABC = \angle DEF \\ \angle BCA = \angle EFD \end{cases}$$

此時，△ABC 與 △DEF 全等。為什麼呢？

■解答 2-3

試著畫出圖吧。這裡畫的圖是為了方便我們理解對應關係，故可徒手畫出。在思考全等條件時，將對應的邊與角標上相同符號，會比較簡單明瞭。

依題目給定的條件，可畫出以下示意圖。

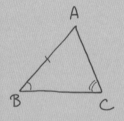 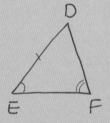

　　三角形的內角和為 180°，所以當兩組對應角的角度相等，第三組對應角的角度也會相等。

　　因此，當 $\angle BAC = \angle EDF$，因為兩角與夾邊相等，所以 $\triangle ABC$ 與 $\triangle DEF$ 全等。

補充

　　為方便閱讀，這裡使用頂點的名字稱呼角，如 $\angle A$、$\angle B$、$\angle C$、$\angle D$、$\angle E$、$\angle F$。三角形的內角和為 180°，故

$$\begin{cases} \angle A + \angle B + \angle C = 180° \\ \angle D + \angle E + \angle F = 180° \end{cases}$$

也就是說

$$\begin{cases} \angle A = 180° - (\angle B + \angle C) \\ \angle D = 180° - (\angle E + \angle F) \end{cases}$$

由問題 2-3 給定的條件可以知道，以下等式成立。

$$\angle B + \angle C = \angle E + \angle F$$

故

$$\angle A = \angle D$$

　　$\triangle ABC$ 與 $\triangle DEF$ 中，$AB = DE$、$\angle B = \angle E$、$\angle A = \angle D$，因為兩角與夾邊相等，故 $\triangle ABC$ 與 $\triangle DEF$ 全等。

第 3 章的解答

●問題 3-1（畫出等腰三角形）
請用圓規與可以測量長度的直尺，畫一個底邊長為 5 cm，
腰為 3 cm 的等腰三角形。

■解答 3-1
　　作圖順序的範例如下。

1. 用直尺畫出長 5 cm 的線段。
　　令線段兩端的點分別為 A、B。
2. 以點 A 為圓心，用圓規畫出半徑 3 cm 的圓，令其為圓 A。
3. 以點 B 為圓心，用圓規畫出半徑 3 cm 的圓，令其為圓 B。
4. 選擇圓 A 與圓 B 的其中一個交點，令其為點 P。
5. 用直尺連接點 P 與點 A。
6. 用直尺連接點 P 與點 B。
7. 這樣便能畫出等腰三角形 PAB，其中 PA = PB。

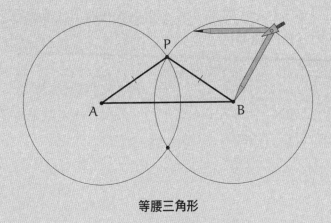

等腰三角形

補充

　　點 P 在圓心為 A，半徑為 3 cm 的圓周上，故 PA = 3 cm；且點 P 在圓心為 B，半徑為 3 cm 的圓周上，故 PB = 3 cm。PA = PB，由等腰三角形的定義，可以知道三角形 PAB 為等腰三角形。

　　圓 A 與圓 B 有兩個交點。不管選哪個交點做為點 P，三角形 PAB 皆為等腰三角形。

●問題 3-2（證明等腰三角形的兩底角相等，另解①）

將等腰三角形翻面後，能與自己剛好重合。試用這個特性
證明等腰三角形的兩底角相等。

提示：△ABC 中的 AB = AC 時，△ABC ≡ △ACB。用這
個特性證明 ∠ABC = ∠ACB。

■解答 3-2

試著畫出圖吧。這裡畫的圖是為了方便我們理解對應關
係，故可徒手畫出。

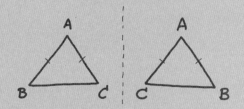

（證明）

設 △ABC 為等腰三角形，其中 AB = AC。

△ABC 與 △ACB 中，由假設可以知道

$$AB = AC \qquad \cdots\cdots ①$$

另由假設可以知道

$$AC = AB \qquad \cdots\cdots ②$$

邊 BC 與邊 CB 相等，故

$$BC = CB \qquad \cdots\cdots ③$$

由①、②、③可得知兩三角形的三邊相等，故

$$\triangle ABC \equiv \triangle ACB$$

全等三角形的對應角角度相等，故

$$\angle ABC = \angle ACB$$

所以 △ABC 的兩底角相等。

因此，等腰三角形的兩底角角度相等。

（證明結束）

補充 1

　　AB = AC、AC = AB 重複寫了一次，BC = CB 顯然成立，感覺這些等式沒必要特別寫出來。不過寫出來之後，更能清楚顯示出兩個三角形的三邊相等。

補充 2

問題 3-2 運用「等腰三角形翻面後，剛好能與自己重合」的特性，證明等腰三角形的兩底角相等。

p.114 的證明中，則是運用「等腰三角形對摺後，底角可剛好重合」的特性，考慮底邊中點 M，證明等腰三角形的兩底角相等。

要注意的是，我們有多種方法可以證明「等腰三角形的兩底角相等」此一命題。證明方法不是只有一種。

●問題 3-3（證明等腰三角形的兩底角相等，另解②）
請用頂角的角平分線，證明等腰三角形的兩底角相等。

提示：一般而言，角平分線指的是可以將一個角的角度平分的直線。舉例來說，下圖中，角 AOB 的角平分線，直線 OP，可使以下關係成立。

$$\angle AOP = \angle BOP$$

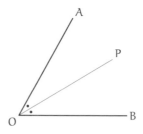

■解答 3-3

> 試著畫出圖吧。這裡畫的圖是為了方便我們理解對應關係，故可徒手畫出。

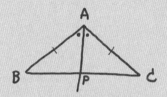

（證明）

設 △ABC 為等腰三角形，其中 AB = AC。

設角 BAC 的角平分線與邊 BC 交於 P 點。

△ABP 與 △ACP 中，由假設可以知道

$$AB = AC \qquad \cdots\cdots ①$$

點 P 位於角 BAC 的角平分線上，故

$$\angle BAP = \angle CAP \qquad \cdots\cdots ②$$

邊 AP 為共用邊，故

$$AP = AP \qquad \cdots\cdots ③$$

　　由①、②、③可得知兩三角形的兩邊與夾角相等，故

$$\triangle ABP \equiv \triangle ACP$$

全等三角形的對應角角度相等，故

$$\angle ABP = \angle ACP$$

所以 $\triangle ABC$ 的兩底角相等。

因此，等腰三角形的兩底角角度相等。
（證明結束）

●問題 3-4（找出證明的錯誤①）

「等腰三角形的兩底角角度相等」為正確敘述。不過以下
「證明」有誤。請找出以下「證明」的錯誤。
（證明）
　　設 △ABC 為等腰三角形，其中 AB = AC，底邊 BC 的
中點為 M。

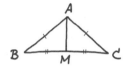

　　△ABM 與 △ACM 中，因為點 M 為邊 BC 的中點，故

$$BM = CM \qquad \cdots\cdots①$$

因為邊 AM 與底邊 BC 垂直，故

$$\angle AMB = \angle AMC \qquad \cdots\cdots②$$

邊 AM 為共用邊，故

$$AM = AM \qquad \cdots\cdots③$$

　　由①、②、③及兩邊與夾角相等，可以得到

$$\triangle ABM \equiv \triangle ACM$$

全等三角形中，對應角角度相等，故

$$\angle ABM = \angle ACM$$

所以，△ABC 的兩底角相等。
　　因此，等腰三角形的兩底角相等。
（證明結束）

■解答 3-4

「<u>邊 AM 與底邊 BC 垂直</u>」有誤，不能用以說明 △ABM ≡ △ACM。

點 M 為底邊 BC 的中點，故 BM = CM 為正確敘述。但點 M 為底邊 BC 中點，並不表示邊 AM 與底邊 BC 垂直。

也就是說，問題 3-4 的「證明」中，使用了「錯誤的敘述」做為原因。

補充

要注意的是，雖然「邊 AM 與底邊 BC 垂直」此一敘述不能用於問題 3-4 的「證明」，但該敘述本身是正確的。

此敘述可證明如下。

（證明）

△ABM 與 △ACM 中，因為三邊相等，故可證明

$$\triangle ABM \equiv \triangle ACM$$

（參考 p.114 第 3 章正文）。所以

$$\angle AMB = \angle AMC$$

又 B、M、C 三點在同一直線上，故

$$\angle AMB + \angle AMC = 180°$$

可以得到

$$\angle AMC + \angle AMC = 180°$$

所以

$$\angle AMB = 90°$$

（證明結束）

　　這樣才能證明「邊 AM 與底邊 BC 垂直」。

　　不過，在證明「邊 AM 與底邊 BC 垂直」的過程中，有用到 △ABM ≡ △ACM 這個條件。

　　問題 3-4 的「證明」中，用「邊 AM 與底邊 BC 垂直」來證明「△ABM ≡ △ACM」時，把欲證明的結論「△ABM ≡ △ACM」當成前提來使用，這種錯誤稱做**乞題**或**循環論證**。

　　即使最後的敘述是對的，如果使用欲證明的結論作為前提，這樣的證明就是錯的。

●問題 3-5（找出證明的錯誤②）

「不管哪個三角形，都是等腰三角形」是一條錯誤的敘述。然而，以下文字卻能「證明」這條敘述是正確的。請找出這個「證明」的錯誤之處。

（證明）

設有一個三角形，令其為 △ABC。設點 X 為邊 BC 的中點，過 X 作 BC 的垂線。

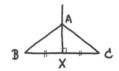

△ABX 與 △ACX 中，點 X 為邊 BC 的中點，故

$$BX = CX \qquad \cdots\cdots①$$

邊 AX 與邊 BC 垂直，故

$$\angle AXB = \angle AXC \qquad \cdots\cdots②$$

邊 AX 為共用邊，故

$$AX = AX \qquad \cdots\cdots③$$

由①、②、③及兩邊與夾角相等，可以得到

$$△ABX \equiv △ACX$$

全等三角形中，對應角角度相等，故

$$AB = AC$$

所以，△ABC 為等腰三角形。

因此，所有三角形都是等腰三角形。

（證明結束）

■解答 3-5

證明中提到的「邊 AX 與邊 BC 垂直」有誤。

設 BC 的中點為 X，過點 X 作與 BC 垂直的直線時，該直線不一定會通過點 A。所以邊 AX 不一定會與邊 BC 垂直。

補充

問題 3-5 之所以會寫出錯誤「證明」，是因為題目中 △ABC 的圖畫得不恰當。這個三角形並不滿足題目給的條件，卻畫得很像等腰三角形，所以邊 BC 的垂直平分線，看起來像是有通過點 A[*1]。

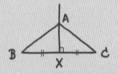

下圖這種三邊長度皆不同的三角形中，邊 BC 中垂線就不會通過點 A 了。

[*1] 邊 BC 的垂直平分線，指的是通過邊 BC 的中點，且與邊 BC 垂直的直線。

　　思考圖形相關問題時，示意圖的描繪十分重要。不過，如果題目沒有給定特殊條件，就得注意不能畫成等腰三角形、正三角形、直角三角形等的特殊三角形。

第 4 章的解答

●問題 4-1（三角形的分類）

下方的①～⑦分別應填入下圖中的哪些位置？

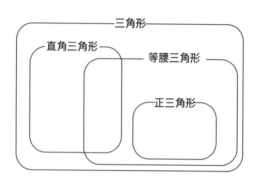

① 邊長為 2、3、4 的三角形

② 邊長為 2、2、1 的三角形

③ 邊長為 3、3、3 的三角形

④ 角度為 90°、30°、60° 的三角形

⑤ 角度為 90°、45°、45° 的三角形

⑥ 角度為 30°、120°、30° 的三角形

⑦ 角度為 60°、60°、60° 的三角形

注意：**直角三角形**指的是有一個角為直角（90°）的三角形。

■解答 4-1

答案如下所示。

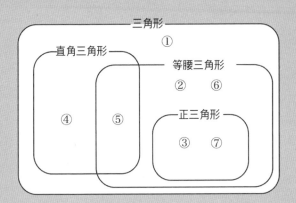

以下不會畫出①～⑦的三角形，請試著自己畫畫看。

①邊長為 2、 3、 4 的三角形

- 是三角形
- 非直角三角形
- 非等腰三角形

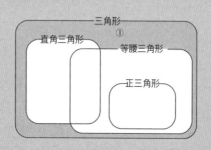

②邊長為 2、 2、 1 的三角形

- 是等腰三角形
- 非直角三角形
- 非正三角形

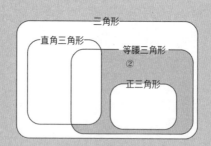

③邊長為 3、3、3 的三角形

- 是正三角形

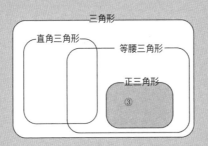

我們可以用畢氏定理（p.169）確認①、②、③的三角形皆不是直角三角形。

④角度為 90°、30°、60° 的三角形

- 是直角三角形
- 非等腰三角形

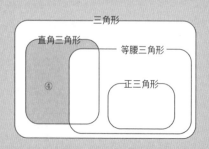

由「有直角（90° 的角）」這件事可以知道④為直角三角形；由「三個角的角度皆不同」這件事可以知道④不是等腰三角形。如果是等腰三角形，至少有兩個角的角度會相等。

⑤角度為 90°、45°、45° 的三角形

- 是直角三角形
- 是等腰三角形
- 非正三角形

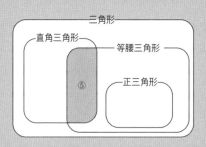

⑤這種「既是直角三角形，也是等腰三角形的三角形」
稱做等腰**直角三角形**。直角等腰三角形的角度必為 90°、
45°、45°。

⑥角度為 30°、 120°、 30° 的三角形

- 是等腰三角形
- 非直角三角形
- 非正三角形

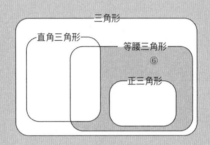

⑦角度為 60°、 60°、 60° 的三角形

- 是正三角形

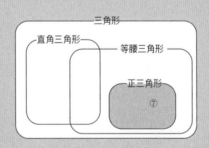

●問題 4-2（找出證明的錯誤）

「若三角形的兩個角角度相等，則該三角形為等腰三角形」為正確敘述。不過以下「證明」有誤。請找出以下「證明」的錯誤。

（證明）

　　△ABC 中，設 ∠B = ∠C，邊 BC 的中點為 M。

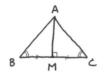

在 △ABM 與 △ACM 中，點 M 為邊 BC 的中點，故

$$BM = CM \qquad \cdots\cdots①$$

邊 AM 與底邊 BC 垂直，故

$$\angle AMB = \angle AMC \qquad \cdots\cdots②$$

由前提假設可以知道

$$\angle B = \angle C \qquad \cdots\cdots③$$

由①、②、③可知，兩角與夾邊相等，故

$$\triangle ABM \equiv \triangle ACM$$

全等三角形中，對應邊的邊長相等，故

$$AB = AC$$

因此，△ABC 為等腰三角形。

　　所以，若三角形的兩個角角度相等，則該三角形為等腰三角形。

（證明結束）

■解答 4-2

「<u>邊 AM 與底邊 BC 垂直</u>」有誤，不能用以說明 △ABM ≡ △ACM。

點 M 為底邊 BC 的中點，故 BM = CM 為正確敘述。但點 M 為底邊 BC 中點，並不表示邊 AM 與底邊 BC 垂直。

也就是說，問題 4-2 的「證明」中，使用了「錯誤的敘述」做為原因。

補充 1

這是乞題的錯誤。詳情可參考第 3 章末問題 3-4 的解答（p.261）。

補充 2

命題「兩個角角度相等的三角形為等腰三角形」的證明，可參考第 2 章正文的解答 4-1a（p.142）與解答 4-1b（p.144）。

以下列出另一種證明方式，用角平分線證明。

（證明）

△ABC 中，假設

$$\angle B = \angle C \qquad \cdots\cdots ①$$

設 ∠A 的角平分線與邊 BC 的交點為 X，則

$$\angle BAX = \angle CAX \qquad \cdots\cdots ②$$

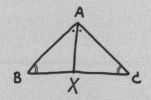

△ABX 與 △ACX 中，邊 AX 為共用邊，故

$$AX = AX \qquad \cdots\cdots ③$$

另外，因為三角形內角和為 180°，故

$$\underbrace{\angle B + \angle BAX}_{ㄅ} + \angle AXB = \underbrace{\angle C + \angle CAX}_{ㄆ} + \angle AXC$$

由①與②可以得到 ㄅ = ㄆ，故

$$\angle AXB = \angle AXC \qquad \cdots\cdots ④$$

由②、③、④可以知道兩三角形的兩角與夾邊相等，故

$$△ABX \equiv △ACX$$

全等三角形中，對應邊的邊長相等，故

$$AB = AC$$

△ABC 為等腰三角形。

因此，有兩個角相等的三角形為等腰三角形。

（證明結束）

● 問題 4-3（證明三角形為等腰三角形）

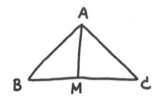

上圖的 △ABC 中，M 為邊 BC 的中點，並設

$$AM = 3 \cdot MC = 4 \cdot CA = 5$$

試證明此時 △ABC 為等腰三角形。可使用下方的「畢氏定理的逆定理」來證明。

…………

畢氏定理的逆定理
設三角形的三邊邊長為 a、b、c。若 a、b、c 符合以下關係：

$$a^2 + b^2 = c^2$$

則邊長為 c 的邊，其對角為直角。

■解答 4-3

> **試著畫出圖吧。**這裡畫的圖是為了方便我們理解對應關係，故可徒手畫出。

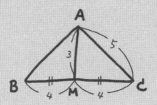

（證明）

　　由前提假設可以知道，$AM^2 + MC^2 = CA^2$。由畢氏定理的逆定理可以知道角 AMC 為直角（$\angle AMC = 90°$）。

　　三點 B、M、C 在同一條直線上，故 $\angle BMC = 180°$。

因此

$$\angle AMB = \angle BMC - \angle AMC$$
$$= 180° - 90°$$
$$= 90°$$

可以得到

$$\angle AMB = \angle AMC \qquad \cdots\cdots\text{①}$$

△ABM 與 △ACM 中，

AM = AM	（共用邊）
BM = CM	（由前提假設）
∠AMB = ∠AMC	（由①）

因兩三角形的兩邊與夾角相等，故 △ABM ≡ △ACM。全等三角形的對應邊長度相等，故

$$AB = AC$$

因此 △ABC 為等腰三角形。

（證明結束）

第 5 章的解答

●問題 5-1（內錯角）

如圖所示，一條直線與兩條直線相交。試回答①～④中，
標有記號的角的內錯角是哪個角。

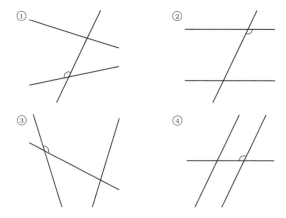

■解答 5-1

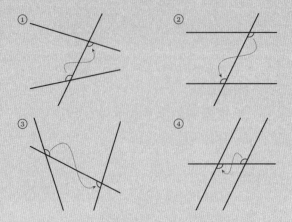

●問題 5-2（同位角）

如圖所示，一條直線與兩條直線相交。試回答①～④中，標有記號的角的同位角是哪個角。

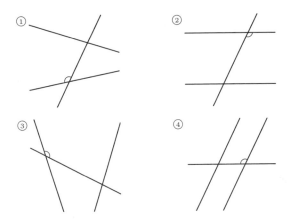

■解答 5-2

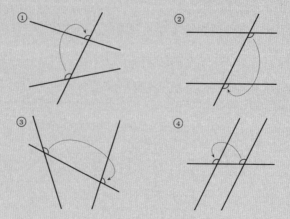

●問題 5-3（平行四邊形的對角）

兩雙對邊互相平行的四邊形，稱做平行四邊形。試證明平行四邊形 ABCD 中，∠B = ∠D。

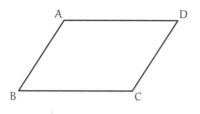

■解答 5-3a

（證明）

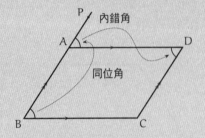

如圖所示，在邊 BA 延長後的直線取一點 P。

四邊形 ABCD 為平行四邊形，故

$$AD \mathbin{/\!/} BC$$

且

$$AP \mathbin{/\!/} CD$$

平行線的同位角角度相等，故 $\angle B = \angle PAD$。

平行線的內錯角角度相等，故 $\angle PAD = \angle D$。

因此，以下等式成立。

$$\angle B = \angle D$$

（證明結束）

補充

AD $\mathbin{/\!/}$ BC 表示 AD 與 BC 平行。

解答 5-3b（運用三角形全等性質的另一個解）

　　（證明）

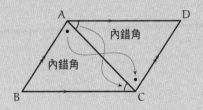

　　共用點 A、點 C 的 △ABC 與 △CDA 中，邊 AC 為共用邊，故

$$AC = CA$$

平行線的內錯角角度相等，而 BA // CD，故

$$\angle BAC = \angle DCA$$

同理，BC // AD，故

$$\angle BCA = \angle DAC$$

因為兩角與夾邊相等，故

$$\triangle ABC \equiv \triangle CDA$$

　　全等三角形中，對應角的角度相等，故以下等式成立。

$$\angle B = \angle D$$

（證明結束）

給想多思考一點的你

　　除了本書的數學雜談，為了「想多思考一些」的你，我們特別準備了一些研究問題。本書中不會寫出答案，且答案可能不只一個。

　　請試著獨自研究，或者找其他有興趣的夥伴，一起思考這些問題吧。

第 1 章　重疊的三角形

●研究問題 1-X1（全等的定義）

國小或國中時，我們會用「兩個圖形能剛好重合」來描述「全等」這個關係。如果是你，會如何描述兩個圖形的全等呢？你的描述方式更能說明全等的哪些性質呢？

●研究問題 1-X2（命名）

第 1 章的正文中，我們提到要為三角形以及其頂點命名。請試著閱讀數學書籍，然後觀察書中出現的各種名字。為不同類型的對象取名時，分別會怎麼取呢？取名字時有什麼要注意的地方嗎？

第 2 章 三角形的全等條件

●研究問題 2-X1（四邊相等）

第 2 章中，三邊相等為三角形的全等條件之一。某個人這麼想。

　若我們將「兩個四邊形可以剛好重合」視為四邊形全等。那麼四邊邊長相等，也就是「四邊相等」可以視為四邊形的全等條件嗎？

你覺得如何呢？

●研究問題 2-X2（三角形的周長）

假設有兩個周長相等的三角形。確認它們是否全等時，除了周長，還要確認什麼呢？

●研究問題 2-X3（三角形的面積）

假設有兩個面積相等的三角形。確認它們是否全等時，除了面積，還要確認什麼呢？

●研究問題 2-X4（全等條件與全等）

你會如何定義「三角形的全等」呢？如果是第 2 章中的三角形全等條件，可以推導出你定義的「三角形全等」嗎？

第 3 章　讀懂證明

●研究問題 3-X1（等腰三角形兩底角相等的另一個證明）

我們在第 3 章正文（p.114）與章末問題解答（p.256、p.258）中，證明了等腰三角形的兩底角相等。試說明兩者為不同證明。

●研究問題 3-X2（定義的確認）

第 3 章的 p.101 中，「我」提到「如果只是問『知道嗎？』回答『知道』之後就會結束了；如果只是問『瞭解嗎？』回答『瞭解』之後就會結束了」。

那麼

　　「你知道等腰三角形底角的定義嗎？」

與

　　「等腰三角形的底角是什麼呢？」

兩種問題有什麼差異呢？請自由思考。

●研究問題 3-X3（拿出至「心之外」）
當你覺得將「心中」想到的事化為言語，拿出至「心之外」這件事很困難，你會怎麼做呢？請自由思考。

第 4 章 寫出證明

●研究問題 4-X1（四邊形的分類）

第 4 章的正文（p.151）與章末問題 4-1（p.172）中，三角形可分類如下。

- 等腰三角形
- 正三角形
- 直角三角形
- 其他

請用類似方式為四邊形分類。

●研究問題 4-X2（正三角形）

我們在第 4 章中，證明了正三角形的三個角角度皆相等（p.159 與 p.164）。請試著證明相反的命題，即「若三角形的三個角角度相等，則該三角形為正三角形」。證明結束後，試思考還有沒有其他證明方式。

●研究問題 4-X3（用骰子來畫三角形）

擲一次骰子時，可能會得到以下點數。

$$\overset{1}{\boxdot}、\overset{2}{\boxdot}、\overset{3}{\boxdot}、\overset{4}{\boxdot}、\overset{5}{\boxdot}、\overset{6}{\boxdot}$$

擲骰子三次，可得到三個數。若將這三個數當做三角形的邊長，那麼

- 可形成幾種三角形？
- 這三個邊有沒有可能無法形成三角形呢？什麼情況下會無法形成三角形？

●研究問題 4-X4（簡便的表現）

第 4 章中提到要「閱讀用自己喜歡的格式寫成的證明」。我們可用以下範例來說明所謂的「喜歡的格式」。

- 假設～
- 在 △ABC 與 △ACB 中
- 因為～
- 所以～

請閱讀教科書或參考書中出現的證明，尋找能夠表達出你想傳達的意思的格式。

●研究問題 4-X5（拿出至「心之外」）

第 4 章中的「我」試著思考是什麼樣的事物支撐人們把心中想法拿到「心之外」（p.155）。對你而言，什麼樣的事物有這種能力呢？對其他人而言又如何呢？

第 5 章 尋求原因的對話

● 研究問題 5-X1（解開魔術之謎）

來變個魔術吧。如下圖，將方格紙裁成四片，重新排列後，神奇的事發生了。格子的數目從 64 個變成了 65 個。請試著解開這個謎。

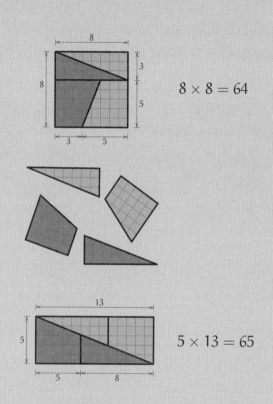

$8 \times 8 = 64$

$5 \times 13 = 65$

解開這個謎之後，試著思考其他數字能否用來變一樣的魔術。要對自己問什麼「問題」，思考才會有進展呢？

●研究問題 5-X2（如何運用圖形的性質）

如同我們在第 5 章中提到的，平行線的內錯角、同位角，可讓我們將角集中在同一個地方，分析角度大小。那麼，三角形的全等性質可以用於處理哪些問題呢？另外，三角形內角和為 180°，以及教科書中常出現的各種圖形性質，又能用以處理哪些問題呢？請自由思考。

●研究問題 5-X3（自問自答）

本書中提到了許多「自問自答」。你在思考哪些事的時候，會「自問自答」呢？要進行什麼樣的「自問自答」，思考才會有進展呢？

後記

您好，我是結城浩。

感謝您閱讀《數學女孩秘密筆記：圖形的證明》。

本書主題是與三角形有關的圖形證明。書中說明了證明過程想傳達的內容、尋求原因時的問答、如何將心中想法拿出至「心之外」。如果您能加入這個對話，與野奈、由梨，以及「我」一起享受其中的樂趣，那就太棒了。

關於野奈與「我」的相遇，請參考《數學女孩秘密筆記：學習對話篇》[1]。

本書是將ケイクス（cakes）網站上，《數學女孩秘密筆記》第 301 回至第 310 回的連載重新編輯後的作品。如果看了本書後，對《數學女孩秘密筆記》系列有興趣，歡迎到網站上閱讀連載中的作品。

至此，我們已有三個系列的書籍。

- **《數學女孩》**系列，是以更廣泛、更深入的數學知識為題材寫成的故事。
- **《數學女孩秘密筆記》**系列，是以平易近人的數學為題材，用對話形式寫成的故事。
- **《數學女孩物理筆記》**系列，是以平易近人的物理學為題材，用對話形式寫成的故事。

不論是哪個系列，都是幾名國中生或高中生之間的數學雜談＆物理學雜談。歡迎您多多支持。

本書使用了 LATEX2ε 及 Euler 字型（AMS Euler）排版。排版過程中參考了由奧村晴彥老師寫作的《LATEX2ε 美文書作成入門》，書中的作圖則使用了 OmniGraffle、TikZ、TEX2img 等軟體完成。在此表示感謝。

感謝下列名單中的各位，以及許多不願具名的人們，在寫作本書時幫忙檢查原稿，並提供了寶貴意見。當然，本書內容若有錯誤皆為筆者之疏失，並非他們的責任。

（敬稱省略）
安福智明、井川悠佑、石井雄二、石宇哲也、
稻葉一浩、上原隆平、植松彌公、大畑良太、
岡內孝介、鏡弘道、梶田淳平、郡茉友子、
小林廉、佐佐木陽平、杉田和正、須藤雄生、
田中健二、中山琢、平田敦、
梵天寬鬆（medaka-college）、前原正英、
增田菜美、松森至宏、三國瑤介、村井建、山田泰樹。

　　包括本書在內，我執筆的書籍一直是由 SB Creative 野澤喜美男主編負責，非常感謝您。

　　感謝所有在寫作本書時支持我的讀者們。

　　感謝我最愛的妻子和兒子們。

　　感謝您閱讀本書到最後。

　　那麼，我們在下一本書中見面吧！

　　　　　　　　　　　　　　　　　　　　　　　　結城浩

參考文獻與建議閱讀

相關讀物

[1] 結城浩 著，衛宮紘 譯，《數學女孩秘密筆記：學習對話篇》，世茂，ISBN 9789865408541，2021 年。
從座標平面上的直線這種平易近人的數學題材開始講起，帶領讀者理解、學習、思考的讀物。也提到了野奈與「我」相遇的經過。

[2] 結城浩 著，鍾霓 譯，《數學女孩：費馬最後定理》，世茂，ISBN 9789866097010，2011 年。
以花了 350 年以上才成功證明的費馬最後定理為主題，帶領讀者探究整數「真正樣貌」的讀物。（與本書有關的話題包括「什麼是證明？」「畢氏定理」「反證法」等）

[3] 結城浩 著，陳朕疆 譯，《數學女孩：龐加萊猜想》，世茂，ISBN 9789578799738，2019 年。
以花了 10 年以上才成功證明的龐加萊猜想為主題，帶領讀者探究「什麼是形狀」的讀物。（與本書有關的話題包括「平行線公理」「非歐幾里得幾何學」等）

[4] 志賀浩二，『数学が生まれる物語 第 6 週　図形』，岩波書店，ISBN978-4-0-60292-3，2013 年。
　　思考關於看待圖形觀點的讀物。（與本書有關的話題包括三角形的重合與全等條件、歐幾里得的《幾何原本》等）

[5] 志賀浩二，『算数から見えてくる数学 3 図形の広がり』，岩波書店，ISBN978-4-0-06648-8，2006 年。
　　探討圖形性質與數的關係的讀本。（與本書有關的話題包括畢氏定理、全等與相似等）

教科書、參考書、數學書

[6] 宮原繁，『モノケラフ平面図形』，科学新興新社，ISBN978- 4-894-28186-8，1988 年。
　　針對學習初等幾何學的高中生所寫的參考書 · 問題集。（在三角形的全等、後記中有用做參考）

[7] 芳澤光雄，『新体系 · 中学数学の教科書 上』，講談社，ISBN978-4-06-257764-9，2012 年。
　　濃縮、統整國中數學內容的檢定外教科書。（在證明的做法中有用做參考）

[8] 岡本和夫＋森杉馨＋佐々未武＋根本博等人，『未来へひろがる数学 2』，啓林館，ISBN978-4-402-0061-5，2020 年。
　　國中二年級的教科書。

[9] 藤井齊亮＋野博等人，『新編新しい数学 2』，東京書籍，ISBN978-4-487-12252-3，2020 年。
　　國中二年級的教科書。

[10] 島田茂，『数学教師のための問題集』，共立出版，
ISBN978-4-320-11456-2，2021 年。

為教師所寫的參考書 • 問題集（在證明的提示方法中有
用做參考）。

[11] 波利亞 著，蔡坤憲 譯，《怎樣解題》，天下文化，ISBN
9789864177240，2018 年。

以數學教育為例，說明如何解決問題的參考書。書中提到
了許多在解決問題時需要的「設問」與「提醒」，譬如
「哪些東西未知」「給定了哪些東西」「改變定義」「結
果可以驗證嗎」等。

[12] 赤攝也，『現代の初等幾何学！』，筑障書房，ISBN978-
4-480-09897-9，2019 年。

以威爾的公理系為基礎而構成初等幾何學的數學書（在三
角形的全等中有用做參考）。

歷史文獻

[13] 大衛 • 希爾伯特（David Hilbert），《幾何基礎》
（*Grundlagen der Geometrie*）。

希爾伯特所提出的一個公理系歷史文書，有邏輯性地組建
初等幾何學。

[14] 中村幸四郎＋手阪英孝＋伊東俊太郎＋池田美惠 (翻譯 •
解說)，『ユークリッド原論 [追補版]』，共立出版，
ISBN978-4-320-01965-2，2011 年。

歐幾里得編纂的《幾何原本》（在後記中有用做參考）。

索引

Note

Note

Note

國家圖書館出版品預行編目(CIP)資料

數學女孩秘密筆記：圖形的證明 / 結城浩著；
陳朕疆譯. -- 初版. -- 新北市：世茂出版有
限公司, 2023.09
面；　公分. -- (數學館；44)
ISBN 978-626-7172-51-3(平裝)

1.CST: 數學　2.CST: 通俗作品

`310　　　　　　　　　　112008302

數學館44

數學女孩秘密筆記：圖形的證明

作　　　者／結城浩
譯　　　者／陳朕疆
主　　　編／楊鈺儀
封面設作／LEE
出 版 者／世茂出版有限公司
地　　　址／(231)新北市新店區民生路19號5樓
電　　　話／(02)2218-3277
傳　　　真／(02)2218-3239（訂書專線）　單次郵購總金額未滿500元（含），請加80元掛號費
劃撥帳號／19911841
戶　　　名／世茂出版有限公司
世茂網站／www.coolbooks.com.tw
排版製版／辰皓國際出版製作有限公司
印　　　刷／世和彩色印刷股份有限公司
初版一刷／2023年9月

ＩＳＢＮ／978-626-7172-51-3
ＥＩＳＢＮ／9786267172544（EPUB）/ 9786267172537（PDF）
定　　　價／450元